El astronauta que pintó el espacio
y otras historias de los cosmonautas

ENRIQUE JOSÉ DÍAZ LEÓN

El astronauta que pintó el espacio

y otras historias de los cosmonautas

GUADALMAZÁN

Primera edición: julio de 2025

Guadalmazán • Colección Divulgación Científica

www.editorialguadalmazan.com
guadalmazan@almuzaralibros.com

Talenbook, s.l.
C/ Cervantes, 26 · 28014 · Madrid

Imprime: Liberdúplex
ISBN: 978-84-19414-91-5
Depósito Legal: M-13652-2025
Hecho e impreso en España - *Made and printed in Spain*

A la memoria de mi madre,
Carmen León Herrera,
a la que querré siempre.

Índice

Nota del editor

Hemos publicado muchos libros sobre el espacio, pero ninguno como este. Mientras otros se concentran en acumular datos y hazañas, Enrique José Díaz León se pregunta quiénes diablos estaban dentro de esos trajes espaciales. Y las respuestas son mejores que cualquier ciencia ficción.

Resulta que Neil Armstrong era un ingeniero obsesivo que detestaba las ruedas de prensa. Que Buzz Aldrin luchó contra el alcohol con la misma determinación con la que pisó la Luna. Que Alan Bean se hartó de la NASA y se fue a pintar cuadros con polvo lunar mezclado en el óleo.

Que el primer fumador empedernido en el espacio era un periodista japonés que se fumaba cuatro cajetillas al día; que hay un astronauta que rejuveneció genéticamente durante su estancia en órbita; o que Valentina Tereshkova tuvo que convencer a los técnicos desde el espacio de que sus cálculos estaban mal y la iban a matar.

Aquí están esas historias, las que no salen en los documentales oficiales; las de Hadfield venciendo su fobia a la oscuridad para comandar la Estación Espacial; las de López-Alegría volviendo al cosmos a los 65 años porque los sueños no caducan; las de astronautas fabricando filtros de aire con cartón para no morir asfixiados; las de Jim Lovell improvisando su vuelta a casa cuando el Apolo 13 explotó en pleno vuelo; las de Christa McAuliffe, la maestra que quería dar clase desde el espacio y murió en el intento...

Enrique ha hecho algo que creíamos imposible: ha convertido a los astronautas en personas de carne y hueso. No en héroes de bronce, sino en tipos con miedos, obsesiones y problemas como cualquiera de nosotros. Un retrato coral de la humanidad en su versión más extrema: gente dispuesta a montarse en una bomba para tocar las estrellas.

En una época en la que el espacio vuelve a encender nuestros sueños colectivos, este libro nos propone un viaje irresistible: descubrir que algunas de las historias más extraordinarias de la humanidad no están en la ficción, sino a solo unas páginas de distancia. Las hemos publicado. Y son reales.

Antonio Cuesta

Introducción

Mi primer recuerdo televisivo es la retransmisión que hizo Televisión Española de la llegada del hombre a la Luna el 20 de julio de 1969. Entre nebulosas recuerdo la expectación que aquel evento suscitó en mi casa; un domingo, el único día de descanso de mi padre y todos delante de aquel Emerson, el televisor que nos conectaba con otros 650 millones de personas de todo el mundo —desde México hasta Australia, desde Estados Unidos hasta España—. Mis recuerdos son difusos, yo apenas contaba cinco años y medio, pero la imagen del inolvidable Jesús Hermida (legendario periodista español) al frente de aquella retransmisión permanece nítida como aquel día, aquella tarde de verano en la que fui plenamente consciente de que algo extraordinariamente grande estaba aconteciendo.

Aquel primer paseo por la superficie terrestre de un ser humano, a cargo del comandante Neil Armstrong, se convirtió en una gesta histórica equiparable al descubrimiento de América casi cinco siglos atrás. Culminaba de esta manera una carrera que, para Estados Unidos, había comenzado siete años antes, con el célebre discurso del presidente John F. Kennedy *Elegimos la Luna*, pronunciado en la Universidad Rice de Houston (Texas). El asesinado presidente, que no era precisamente un entusiasta del programa espacial, decidió dar un golpe de timón tras la debacle de Bahía de Cochinos (Cuba).

El caso es que, en el momento álgido de la carrera con la Unión Soviética, Kennedy asumió el más difícil todavía;

tras los éxitos del Sputnik y Gagarin, Estados Unidos debía ser el primero en situar a un hombre en la superficie lunar. De toda esta parte de la historia yo no fui consciente, por cuestiones obvias. Mis recuerdos comienzan aquella tarde-noche del domingo 20 de julio de 1969, pero sus consecuencias fueron definitivas para mi generación, tanto que aún sigo usando con frecuencia la expresión «... y yo quería ser astronauta...» cuando discuto con alguien que me expresa su frustrada vocación.

Puedo entender que al lector le resulten un poco extrañas estas continuas apelaciones a mi propia experiencia personal a la hora de introducirle en la lectura de este libro, pero nada más lejos; mi profunda admiración por los hombres y mujeres que, a lo largo de estos más de 60 años, han viajado al espacio, ha sido el motivo fundamental para poner en marcha este trabajo. Es cierto que hay mucho de mí, de mis propios sueños y frustraciones en el mismo. He de confesarlo, como muchos niños de mi generación soñé con llegar a ser astronauta.

Este libro pretende ser un homenaje a estos hombres y mujeres que alcanzaron, o están camino de alcanzar, sus sueños. Mucho se ha hablado de la carrera espacial, de las innovaciones técnicas que la posibilitaron, y mucho se ha hablado también de las vidas almibaradas de sus protagonistas. Este libro pretende acercarse al lado más humano, más cercano, de estos hombres y mujeres. Con el paso de los años descubrí que no eran dioses, sino que eran seres de carne y hueso, con sus dramas y también sus momentos felices.

La primera mitad de los años 70 está marcada, sin duda alguna, por el programa «Apolo». Baste recordar que la de Armstrong fue la misión 11 del programa y este se prolongó hasta la 17, en 1975. La entonces televisión en blanco y negro nos mostró ese monstruo de cohete Saturno en sus sucesivas igniciones en Cabo Cañaveral (rebautizado «Kennedy» en homenaje al presidente asesinado), y a sus tripulantes. Llegados a este punto he de reconocer que la aplastante presencia masculina entre los astronautas, amén del boicot franquista a la figura de Valentina Tereshkova (la primera mujer en el espacio), me hizo pensar que el oficio estaba circunscrito a los varones.

Pensar en una carrera como la de astronauta en la España del tardofranquismo era poco más que una quimera, por eso admiro el tesón y la disciplina de mi compañero de generación Pedro Duque. Los chavales de la España de la época vehiculábamos nuestros sueños a través de los «cómics» (nuestros «tebeos»), donde las continuas referencias al espacio y su conquista hacían volar nuestra imaginación. La televisión de la época, incluso la monopolística Televisión Española, nos hizo volar al espacio literalmente, con series como *Star Trek*, *Perdidos en el espacio*, *OVNI* o *Espacio 1999*.

El cine ya se había encargado de abonar el campo con la trascendente *2001: una odisea del espacio* (1968) y la no menos trascendente *Naves misteriosas* (1972). He de reconocer que la portentosa interpretación de Bruce Dern en esta última me subyugó y cambió para siempre la imagen que tenía de los astronautas. El personaje de Dern, trastornado ante la posibilidad de que se pierda el preciado tesoro botánico que transportan, me hizo pensar que quizás estos superhéroes tenían más de personas que de dioses.

La fecunda literatura de ciencia ficción que inundó las librerías (y el no menos fecundo intercambio que se producía entre los chavales) alentó también el sueño de muchos chavales de mi generación. Las obras de Isaac Asimov y de Arthur C. Clarke (a la sazón también guionista de *2001...*) se convirtieron en objetos de culto para toda una generación. Las reediciones de *De la Tierra a la Luna*, de Julio Verne, se sucedieron en el tiempo. El espacio y sus «navegantes» nos parecían más cercanos que nunca. En aquella época poco se sabía de las adicciones al alcohol y otras sustancias, las depresiones y los fracasos de los héroes espaciales.

Poco supimos, o prácticamente nada, del fracaso de la misión Apolo 13. Una misión que pasó a la historia por aquella frase pronunciada por el comandante Jim Lowell: «Houston, tenemos un problema». Por supuesto, menos aún de las tragedias de la Soyuz 1 y Soyuz 2 soviéticas. El trágico final del trasbordador espacial *Challenger*, que costó siete vidas, puso a la Humanidad frente al espejo del peligro que suponía la exploración espacial. Aquellos héroes se convertían, de golpe, en seres humanos mortales. El sueño tenía sus riesgos.

En medio de aquellos obstáculos, también la concordia y la disensión se abrieron camino, el hombre fue capaz de superar a la política. Las dos grandes superpotencias, los dos estilos de vida, que se enfrentaban en la llamada Guerra Fría, eran capaces de ponerse de acuerdo; el proyecto conjunto «Apolo-Soyuz» permitió que en 1975 se produjera el acoplamiento en el espacio de dos naves, una soviética y otra norteamericana. En el momento más duro de la Guerra Fría fue considerado todo un hito. Lo que no se contaba es que la cacareada carrera espacial estaba dejando exhaustas las arcas de los dos países.

La tragedia del *Challenger* en 1986 obligó a Estados Unidos a replantearse el programa de su trasbordador espacial y surgieron las primeras voces reacias a seguir enviando seres humanos al espacio; la tecnología nos permitía seguir avanzando con misiones automatizadas. El declive de la Unión Soviética provocó la paulatina suspensión de muchos de los proyectos que durante la Guerra Fría el país había proyectado para esta década. Un nuevo estímulo comienza a fraguarse a comienzos de la siguiente década: la construcción de la Estación Espacial Internacional se convirtió en signo de la concordia internacional bajo el paraguas de la ciencia.

En 1998 fue lanzado al espacio el primero de sus componentes y los primeros residentes llegaron a la Estación a finales de 2000. Cerca de 250 astronautas (profesionales y ocasionales) han visitado la instalación a lo largo de su existencia y continúan a fecha de hoy los proyectos y las misiones a la misma. Cuando se habla de «astronauta ocasional» se utiliza esta expresión para hablar de los llamados «turistas espaciales». Desde muy tempranamente, la NASA se planteó la posibilidad de sufragar parte de sus misiones con el dinero que pudieran aportar acaudalados magnates dispuestos a todo por disfrutar de un nuevo capricho: viajar al espacio.

Pero volvamos a la ISS (en inglés). Concebida como un gran laboratorio en condiciones de ingravidez, la Estación Espacial Internacional retomaba la idea que a primeros de los setenta tanto norteamericanos, con el Skylab, como los soviéticos, con su Salyut, habían intentado poner en marcha. Esta vez sí, se concebía el espacio como un lugar de experimentación donde científicos (astronautas) llevaban a cabo un trabajo que era imposible de realizar en las condiciones terrestres. El espacio dejaba de ser un posible campo de batalla para convertirse en un gran laboratorio donde todos los países podían compartir experiencias.

La ISS, galardonada con el Premio Príncipe de Asturias de Cooperación Internacional 2001, es, probablemente, el símbolo moderno de cómo la ciencia es capaz de aunar esfuerzos y ofrecer la mejor versión del ser humano. Los más de 260 astronautas que la han visitado desde 1998 simbolizan la concreción de ese viejo anhelo humano de concordia y cooperación.

Pero no solo científicos y militares han viajado al espacio, también lo han hecho otros seres humanos guiados por motivos más egoístas, más individualistas. El multimillonario Dennis Tito pagó 20 millones de dólares a la empresa Space Adventures por convertirse en el primer «turista espacial» de la historia en 2001. Pasó cinco días en la Estación Espacial Internacional que calificó como el «mejor momento» de su vida. Por cierto, ahora quiere, a los 85 años, viajar al espacio acompañado de su esposa.

El turismo espacial, reservado hasta ahora a millonarios, supuso un revulsivo para la industria espacial un tanto alicaída hasta esos momentos, debido probablemente al declive de la antigua Unión Soviética, que a duras penas intentaba paliar Rusia, su heredera. Nos detendremos en la historia de algunos de estos turistas espaciales, cuyo dinero, y no debemos obviarlo, ha permitido reflotar algunos de los programas espaciales que estaban a punto de perecer. Sus motivos, sus anhelos, también deben tener cabida en esta historia.

En 2003 tendría lugar la última gran tragedia de la era espacial: el Columbia se desintegró al reingresar en la atmósfera el 1 de febrero, pereciendo en el accidente sus 7 tripulantes. Esta tragedia pondría punto final a la historia de los trasbordadores espaciales. A partir de este momento, y excepción hecha de la ISS, las distintas agencias espaciales apuestan por las naves no tripuladas.

Marte se convierte en objetivo prioritario, y aunque en el horizonte se vislumbra una misión tripulada al planeta rojo, lo cierto y verdad es que el éxito de las sondas automatizadas, y su rentabilidad, suponen un punto y aparte para la figura de los astronautas. Una potencia económica y militar comienza a tomar el relevo de la antigua Unión Soviética: China. El gigante asiático decide asumir el rol de su antecesora y da los primeros pasos para la vuelta a la carrera espacial; asume que esto es una cuestión a debatir entre ella y Estados Unidos. El hermético gigante asiático y sus astronautas también tienen su hueco en este libro.

La pujanza china, la entrada en escena de la Agencia Espacial Europea, la mejoría rusa y las empresas de turismo espacial han vuelto a reverdecer los viejos sueños de conquista del espacio. Marte y la más que previsible vuelta a la Luna son ahora los objetivos a más corto plazo. De los hombres y mujeres que han protagonizado esta historia se habla en esta obra. Probablemente, las historias que aquí se relatan no estén trufadas de una épica propagandística, incluso pueden ser las historias, en algunos casos, de los segundones, pero el objetivo es sacar a la luz el lado más humano de estos héroes; los héroes que perfilaron la infancia y adolescencia de este autor, que como ellos soñaba con ir al espacio.

LOS PRIMEROS MAMÍFEROS EN EL ESPACIO

Sirva este capítulo como homenaje a los primeros seres vivos en el espacio sin que ellos hubieran soñado con él o tan solo se les hubiera preguntado si deseaban viajar a él. Los norteamericanos habían empleado simios como tripulación en cohetes suborbitales desde finales de los años cuarenta y los propios soviéticos lo habían hecho a lo largo de la década de los cincuenta. El 4 de octubre de 1957, la Unión Soviética dio un golpe en la mesa cuando el pequeño satélite Sputnik 1 orbitó durante 98 minutos alrededor de nuestro planeta. Se trataba del primer ingenio humano en el espacio. Daba comienzo oficialmente la carrera espacial.

Nikita Jrushchov, el sucesor del tiránico Josif Stalin, apoyaba la investigación espacial como símbolo del poderío soviético y tras el éxito del Sputnik 1 estaba absolutamente extasiado. A poco de conmemorar el 40 aniversario de la revolución comunista, pidió al responsable del programa espacial soviético, Serguéi Koroliev, algo espectacular. Y Koroliev, quien llevaba trabajando en un hipotético viaje de un ser humano al espacio varios años, se lo dio: enviarían un ser vivo al espacio y serían los primeros en hacerlo.

El ser vivo elegido sería la perrita Laika, que volaría al espacio el 3 de noviembre de 1957, convirtiéndose en el primer ser vivo en viajar al mismo. El mundo enmudeció ante la muestra de poderío de la temible Unión Soviética, pero pocas certezas se tienen sobre lo que la malograda perrita debió padecer durante su odisea.

Portada de *Time* (6 de enero de 1958), volumen 71, número 1, con una ilustración de Nikita Jrushchov realizada por Boris Artzybasheff. Esta imagen apareció en un momento clave de la Guerra Fría, cuando el líder soviético buscaba consolidar su poder y proyectar la influencia de la URSS a nivel internacional [Archivo de *Time Magazine*].

¿Por qué una perrita? ¿Y por qué Laika? El uso de perros en la ciencia rusa y soviética era una constante desde el siglo 19, y, al menos, doce perros habían sido usados desde 1951 en vuelos suborbitales. Había transcurrido apenas un mes desde la misión del Sputnik 1 y los soviéticos ansiaban conocer los efectos de la ingravidez en un ser vivo con vistas a enviar un hombre al espacio. La perrita, mezcla de husky siberiano y samoyedo, se convirtió, por sus dimensiones, en la tripulante ideal para el nuevo Sputnik 2.

Un perro callejero, como Laika, es más resistente que un perro de raza. Las dimensiones de la cápsula no permitían que el animal tuviera más de 7 kilos, y que no superara los 35 centímetros de alzado a la cruz. Por otra parte, su pelaje claro permitía verla mejor en aquellos viejos monitores en blanco y negro. Por razones de espacio se dio preferencia a una hembra, ya que a diferencia de los machos no levantan la pata para orinar, facilitando la colocación de un sistema sanitario.

Esos atributos coincidían en tres perritas: Albina (con dos vuelos suborbitales a sus espaldas), Muja (novata como Laika) y nuestra heroína. Había que adaptarlas al pequeño espacio que les había sido destinado en Sputnik 2. El confinamiento les provocó inquietud, dejaron de orinar y defecar, y los científicos decidieron que lo único que podía mejorarlas era intensificar el entrenamiento. Fueron colocadas en centrifugadoras, que simulaban la aceleración del cohete en el momento de su lanzamiento, y se usaron máquinas para simular los ruidos que oirían al inicio de su aventura.

Detectaron un aumento en los impulsos cardíacos, se duplicaron, y un alza en la presión arterial. El entrenamiento incluyó la alimentación con un gel de alto valor proteico: su única comida en el espacio. El drama del que no se hablaba, era la certeza de los técnicos y científicos de que el animal elegido no iba a sobrevivir. Cuando seleccionaron a Laika, Yazdovsky la llevó a su casa para que la perrita jugara con sus hijos. Lo reveló años después, en un libro que relata la historia de la medicina espacial soviética y tal vez para aliviar su conciencia: «Quería hacer algo bueno por ella. Le quedaba tan poco tiempo de vida...».

Albina fue indultada por los méritos contraídos; la segunda tenía las piernas arqueadas y no salía bien en las fotos; Laika fue la elegida. Pesaba 5 kilos, tenía 3 años y un nombre previo, Kudryavka (Rulitos). Ya rebautizada como Laika (La que ladra) fue intervenida en dos ocasiones para colocarle dos sensores: uno en las costillas (para controlar su respiración) y otro en una de las arterias carótidas (para controlar su pulso).

La doctora Adilia Kotovskaya, del equipo que puso en marcha el Sputnik 2, en una entrevista concedida al periódico *Rossiskaya Gazeta* declaró que «todos sabían que moriría» y añadió «lo importante era hacer todo para el futuro vuelo del hombre al espacio. Había que ensayar, hacer sacrificios. Pero antes del vuelo de Laika incluso yo lloré. Todos sabíamos que moriría y le pedimos perdón».

Vladímir Yazdovsky, que dirigía el programa de perros de prueba para vuelos espaciales, admitió que «Laika era tranquila y encantadora». Tuvo su propio traje espacial, un arnés especial que se exhibe aún hoy en el Museo Memorial de la Cosmonáutica de Moscú. La colocaron en el Sputnik 2 tres días antes de la misión. El lugar de lanzamiento, Baikonur (en la estepa kazaja), era un lugar extraordinariamente frío, y hubo que recurrir a una manguera conectada a un ventilador para mantener caliente el habitáculo.

Uno de los técnicos que preparó la cápsula para el despegue, años después, reveló «Después que pusimos a Laika en el contenedor, y antes de cerrar la escotilla, le besamos la nariz y le deseamos buen viaje, aunque sabíamos que no iba a sobrevivir». La nave despegó a las 7.22, hora de Moscú, el día 7 de noviembre de 1957. Al alcanzar la máxima aceleración de despegue el ritmo respiratorio del animal aumentó entre 3 o 4 veces, y su frecuencia cardíaca pasó de 103 a 240 pulsaciones por minuto. Una vez entrada en órbita, la punta cónica se desprendió con éxito, pero la otra sección no se desprendió, por lo que el sistema de control térmico dejó de funcionar. La temperatura interior de la nave superó los 40 grados y después de tres horas de vuelo, el pulso de Laika había descendido a los habituales 102 latidos por minuto. Algo iba mal, el descenso en la frecuencia cardíaca había tomado tres veces más tiempo que en los entrenamientos, lo que significaba que Laika estaba aterrorizada.

Dimitri Malashenkov, que participó en el proyecto Sputnik 2 reveló en 2002 que la perrita había muerto entre cinco y siete horas después del lanzamiento, víctima del miedo y del aumento de la temperatura. La versión oficial sostenía que Laika había fallecido al sexto día de su viaje, cuando se agotaron las reservas de oxígeno. Incluso el Kremlin llegó a deslizar que le habían practicado la eutanasia. El propio Malashenkov llegó a decir, en un Congreso Mundial del Espacio, celebrado en Houston (EE. UU.) que «resultó prácticamente imposible crear un control de temperatura fiable en tan poco tiempo».

Oleg Gazenko, otro de los científicos responsables del envío de Laika al espacio, manifestó en 1998: «Cuánto más tiempo pasa, más lamento lo sucedido. No debimos haberlo hecho... Ni siquiera aprendimos lo suficiente en esa misión como para justificar la pérdida del animal». Los homenajes se sucedieron en forma de cromos, canciones, sellos, poemas, marcas de chocolate y de cigarrillos. Incluso tras la caída de la Unión Soviética, la Federación Rusa homenajeó con una placa a los cosmonautas caídos, en la Ciudad de las Estrellas. La única figura reconocible es la de la perrita, a los pies de un cosmonauta.

En Moscú se ha construido un popular monumento a su memoria, en el que no suelen faltar las flores desde su inauguración, en 2008. Incluso un área del planeta Marte fue bautizada con su nombre en 2005. Pero Laika no ha sido la única perrita sacrificada en pro de la conquista espacial; el 28 de julio de 1960, las perras Chaika y Lisichka murieron

Monumento a Laika, Moscú. Inaugurado en 2008 frente al Instituto de Medicina Militar, el monumento rinde homenaje a la primera criatura terrestre en orbitar la Tierra. La escultura representa a Laika erguida sobre un cohete que se funde con una mano humana, símbolo del vínculo entre ciencia y sacrificio [Asetta/Shutterstock].

al estallar segundos después del lanzamiento el cohete portador del Sputnik V-1, ya dotado de sistema de retorno. Pese al fracaso que supuso, el accidente impulsó a los científicos e ingenieros soviéticos a diseñar un sistema de eyección de emergencia durante la fase inicial del vuelo, que más tarde le salvó la vida a cuatro cosmonautas.

En el otro lado del tablero de ajedrez, los norteamericanos habían lanzado el 11 de junio de 1948 al primer mono astronauta, un macaco Rhesus al que llamaron Albert 1 y que alcanzó una altura de 63 km a bordo de un cohete V-2. El animal murió asfixiado por el tremendo calor que alcanzó la cápsula. El 13 de junio de 1949. Estados Unidos enviaron al espacio a Albert 2, que alcanzó una altitud de 134 km y sobrevivió al vuelo, pero pereció tras colisionar su cohete con la superficie terrestre. Muy poco después, el 16 de septiembre de ese mismo año, le tocó el turno a Albert 3, que superó los 10 km de altitud, pero pereció al estallar el cohete V-2 que tripulaba en pleno vuelo. Este vuelo supuso el final de los experimentos con cohetes del tipo V-2.

Tiempo después se iniciaron los viajes en cohetes tipo misil, los Aerobee. El 18 de abril de 1951, un mono bautizado como Albert 5 tripuló uno de estos cohetes y murió debido a un fallo en el paracaídas. Albert 6, acompañado de 11 ratones, se convirtió en el primer primate en sobrevivir a una misión de este tipo, pero falleció dos días después de aterrizar.

El 28 de mayo de 1959, Able y Miss Baker, macaco y mono ardilla respectivamente, se convirtieron en los primeros seres vivientes en regresar exitosamente a la tierra después de viajar a bordo de un cohete Júpiter AM-18. Viajaron excediendo los 16 000 km/h y soportando una gravedad de 38 gramos. El macaco murió el 1 de junio de 1959 mientras se le extirpaba un electrodo infectado, a causa de la anestesia. Miss Baker murió a los 27 años y fue sepultada en los terrenos del Space and Rocket Center, en Alabama. Able fue disecado y puede verse en el Instituto Smithsoniano.

Pero los norteamericanos querían su propia Laika y lo consiguieron, pero en lugar de un perro, lanzaron un chimpancé, que respondía al nombre de Ham. Cierto es que los soviéticos seguían llevando la iniciativa en esta carrera con destino al espacio, y preparaban ya la misión que encumbraría a Gagarin, pero los norteamericanos habían aceptado el desafío y daban batalla. El 31 de enero de 1961 (diez semanas antes de la hazaña de Gagarin), Ham se convirtió en el primer chimpancé en viajar al espacio, a bordo de la nave Mercury Redstone. El nombre es el acrónimo del laboratorio donde recibió el entrenamiento necesario antes de embarcar en la nave, el Hollomans' AeroMedical. El chimpancé había nacido en Camerún en julio de 1957, lo trasladaron a la base aérea de Holloman, en Nuevo México, en 1959.

En un primer momento, estaba previsto que la nave alcanzase una altitud de 185 kilómetros, a una velocidad de 7081 km/h. Problemas técnicos sobrevenidos rompieron tanto ese techo (la nave se elevó hasta los 253 kilómetros) y la velocidad (la nave alcanzó los 9426 km/h). Ham experimentó los efectos de la ingravidez durante más de 6 minutos de los 16,5 que duró su viaje. De regreso, el chimpancé amerizó en el océano Atlántico, con un rango de error de 95 km sobre las estimaciones previstas.

La preceptiva revisión médica posterior determinó que el animal solo estaba fatigado y deshidratado. Su gesta permitió la aventura de Alan Shepard, el primer norteamericano en el espacio, el 5 de mayo de 1961. Tras su periplo espacial y concienzudos estudios médicos, en 1963 Ham fue trasladado al Zoo de Washington, donde permaneció hasta septiembre de 1980, cuando se trasladó al Parque Zoológico de Carolina del Norte en Asheboro, lugar en que falleció en enero de 1983.

El Instituto de Patología de las Fuerzas Armadas de EE. UU. se quedó con el esqueleto del chimpancé para someterlo a nuevos estudios y en la actualidad, sus huesos forman parte de la colección del Museo Nacional de la Salud y Medicina, en Washington D. C. (EE. UU.). Los demás restos mortales de Ham se encuentran en el Paseo Espacial Internacional de la Fama, en Almagordo (Nuevo México, EE. UU.).

Con posterioridad han sido muchos los animales, mayoritariamente primates, que han sido enviados al espacio hasta la década de los noventa. Su sufrimiento permitió que el ser humano llegase al espacio, pero nadie les preguntó si ellos deseaban ir.

Póster oficial de Yuri Gagarin condecorado con sus principales medallas y distinciones, 15 de abril de 1963, dos años después de su histórico vuelo como el primer ser humano en el espacio [Ministerio de Defensa de la URSS].

GAGARIN, LA TRAGEDIA DE UN HÉROE

A primeros de los sesenta, la red de espionaje espacial de las dos superpotencias no dejaba escapar ni el vuelo de una insignificante mosca. El nivel de competitividad entre ambas llegaba a la paranoia. Una de las muchas estaciones de inteligencia electrónica norteamericanas, situada en Alaska, interceptaba el 12 de abril de 1961 a las 9.26 de la mañana, hora de Moscú, una extraña transmisión cuyo origen se hallaba en una nave soviética que había sido lanzada al espacio unos minutos antes.

A diferencia de los prototipos no tripulados o tripulados por perros que el espionaje norteamericano había captado hasta entonces, se apreciaba una figura humana, que se movía, en su interior. No se trataba de una treta, como en el caso del artefacto lanzado un mes antes por los soviéticos. Apenas una hora después del lanzamiento, verificado el éxito de la misión, la agencia oficial de noticias soviética TASS radiaba la siguiente noticia: «La primera nave-satélite Vostok con un humano a bordo fue puesta en órbita alrededor de la Tierra desde la Unión Soviética. El piloto-cosmonauta de la nave-satélite espacial Vostok es un ciudadano de la Unión de Repúblicas Socialistas Soviéticas, Mayor de Aviación Yuri Alekseyevich Gagarin».

El joven y carismático cosmonauta de 27 años, ascendido automáticamente a Mayor gracias a su proeza, pasaba a la posteridad como el primer ser humano en atravesar la frontera del espacio. Al otro lado del telón de acero, el presidente

Semyorka, el cohete R-7 diseñado por Serguéi Koroliov, en el VDNH de Moscú. Monumento al legendario cohete soviético, base del programa espacial que llevó al primer satélite y al primer humano al espacio [Sergei Arssenev].

John F. Kennedy admitía públicamente que Estados Unidos iba a la zaga en la carrera espacial y reconocía que aún pasaría un tiempo hasta que los norteamericanos alcanzasen a los soviéticos.

Kennedy no solo reconocía que los soviéticos se habían adelantado, sino también que el proyecto de un primer hombre norteamericano en el espacio era mucho más limitado y rudimentario que el soviético. Al carecer de cohetes capacitados para poner una nave Mercury en órbita, la NASA planeaba 15 minutos de vuelo suborbital frente a la hora y 48 minutos del vuelo orbital de Gagarin.

Lo que sí es desconocido por el gran público es que el vuelo de Gagarin no estuvo exento de incidentes. Aunque no fue muy relevante, el punto de la trayectoria más alejado de la Tierra fue 70 kilómetros más alto que el planeado, lo que no habla demasiado bien del cohete lanzador. Por otra parte, después del encendido para abandonar la órbita e iniciar el descenso, el módulo de instrumentos que debía separarse del módulo de descenso (donde estaba el cosmonauta) no se separó y permaneció unido. Gagarin supo entonces que se enfrentaba a una situación delicada, ya que su cabina debía efectuar la reentrada en la atmósfera por sí sola, no unida al otro elemento. Al ingresar en la atmósfera, los dos módulos comenzaron a dar tumbos y a girar caóticamente. El calentamiento provocado por el roce con la atmósfera permitió que el cable que los unía cediera y se separaran. Al hacerlo, la cabina recibió una última sacudida que la hizo girar de forma violenta, provocando que Gagarin estuviera al borde del desmayo.

Este incidente solo fue hecho público en 1991 y los técnicos confirmaron el aplomo y la entereza del cosmonauta. Otro detalle no menor es el papel que se confería al astronauta en el caso de la nave soviética; a diferencia del vuelo de Shepard, Gagarin nunca tomó los mandos del Vostok 1, mientras que, en el caso de la misión norteamericana, uno de los objetivos era demostrar la capacidad del astronauta para maniobrar la nave. Los técnicos soviéticos temían que el piloto terminara arruinando la misión en un intento por controlar la nave y lo fundamentaban en un informe médico que concluía que el estrés del vuelo le impediría tomar las decisiones más acertadas; por ello, se optó por bloquear el sistema de control.

Tiempo después se ha sabido que a Gagarin le fue entregado un sobre cerrado con el código de tres dígitos que hubiera permitido desbloquearlo en caso de extrema necesidad. Otro detalle importante fue desvelado en 1971; para que un récord de altitud fuera internacionalmente reconocido se exigía que el piloto fuera lanzado y aterrizase en el mismo vehículo. No fue el caso de Gagarin, porque su misión se diseñó para que eyectara de la cápsula a unos 7000 metros de altura, para luego descender en paracaídas. El genial cosmonauta se vio obligado a mentir durante la gira mundial que siguió a su hazaña cuando le preguntaban por el aterrizaje.

El logro científico-técnico que supuso el viaje de Gagarin es de unas proporciones difícilmente imaginables en un país cuya infraestructura científica fue devastada durante la Segunda Guerra Mundial y cuyo talento fue diezmado durante las purgas de Stalin. Una proeza que hubiera resultado absolutamente imposible sin la figura del responsable del programa espacial soviético, el genial Serguéi Koroliov. La figura quizás menos conocida de esta historia, que capitalizó, sin duda alguna, Yuri Gagarin

Pero, ¿quién era Gagarin? Yuri nació el 9 de marzo de 1934 en Klúshino (Rusia), era uno de los cuatro hijos de un matrimonio empleado en una granja colectiva, y debido a las labores de sus padres, fue criado por su hermana mayor. Al margen de las penalidades propias de su origen, su aldea fue ocupada por el ejército alemán durante la Segunda Guerra Mundial en su avance hacia Moscú, y la familia debió de abandonar su casa para que la ocupara un oficial alemán.

La familia tuvo que pedir permiso a las autoridades alemanas para construir una cabaña de barro de 9 metros cua-

Entrada a la aldea de Klúshino, Rusia, lugar de nacimiento de Yuri Gagarin. Fotografía tomada el 3 de abril de 2011, pocos días antes del 50 aniversario del primer vuelo espacial tripulado [Tantrik71/Shutterstock].

drados en la parte trasera de su propia casa y allí tuvieron que malvivir hasta el final de la ocupación. Los dos hermanos mayores de Gagarin fueron deportados por los alemanes a Polonia, y no pudieron regresar hasta el final de la guerra.

Un incidente fortuito cambió el destino de Gagarin: un avión soviético derribado por los alemanes vino a caer cerca del pueblo donde vivía su familia y el joven Gagarin y un amigo rescataron al piloto y los escondieron de los alemanes hasta que pudo ser evacuado por el ejército soviético. Yuri decidió en ese momento que quería ser piloto. En 1946, la familia se trasladó a Gzhatsk, donde Yuri comenzó la educación secundaria.

Trabajó como matricero en una fundición en Liúbertsi, cerca de Moscú, mientras asistía a clases vespertinas para terminar su educación secundaria, y al tiempo que ayudaba a su familia decide participar en un proceso previo a su incorporación a la Escuela de Técnica Industrial de Sarátov, donde estudió tractores, lo que le permitió un empleo en una fábrica de tractores agrícolas. Sarátov sería fundamental para su futuro.

Allí decide unirse al Aeroclub de la ciudad y es allí donde pudo pilotar avionetas, dando rienda suelta a su gran pasión. Al tiempo que estudia se gana un sueldo extra como trabajador de muelle en el río Volga. Tras completar la preparación técnica se unió a la Escuela Militar de Pilotos de Orenburgo. En esta institución conoce a Valentina Goryacheva, con la que contrajo matrimonio en 1957. Allí comenzó su formación para pilotar el Yak-18, que ya conocía desde Sarátov. En 1956 se graduó en el pilotaje del MiG-15.

Gagarin estuvo a punto de ser expulsado de la Escuela tras dos aterrizajes accidentados con el avión biplaza de instrucción, pero el comandante del acuartelamiento decidió darle otra oportunidad. Como dato anecdótico, su instructor de vuelo decidió poner un cojín en su asiento para mejorar la visibilidad de Gagarin en la cabina. Comenzaría a volar solo en 1957. El 5 de noviembre de ese mismo año ya acumulaba más de 160 horas de vuelo. En una carrera meteórica asciende a teniente superior de las fuerzas aéreas soviéticas.

Fue destinado a la base aérea de Luostari, cerca de la frontera noruega. Gagarin mostró interés por la exploración espacial tras el lanzamiento de la sonda espacial Luna 3 el 6 de octubre de 1959, y el teniente coronel Babushkin recomendó su candidatura para el Programa Espacial de la Unión Soviética. Era el prototipo del nuevo hombre soviético.

Dotado de una simpatía arrolladora y con una sonrisa luminosa, poseía el perfil perfecto para convertirse en el astronauta que conquistaría el espacio en pleno pulso de las dos superpotencias que contendían en la Guerra Fría. Yuri superó las exigentes pruebas físicas y demostró sus extraordinarias capacidades como piloto, lo que le permitió ser elegido para la gloria. El proceso de selección para el programa Vostok fue supervisado por la Comisión Médica Central de Vuelo. Se sometió a los candidatos a una batería de pruebas físicas y psicológicas que tuvieron como escenario el Hospital de Investigación Científica Central de Aviación. La Comisión limitó su selección a pilotos de 25 a 30 años.

El ingeniero jefe del programa, Serguéi Koroliov, especificó también que los candidatos debían pesar menos de 72 kilos y no ser más altos de 1,70, dado el limitado espacio de la nave espacial; Gagarin medía 1,57 m. Inicialmente, fueron preseleccionados 154 pilotos, de los cuales 29 fueron considerados aptos por los médicos militares y 20 fueron aprobados por el Comité de Credenciales de la URSS. Gagarin comenzó el entrenamiento en el aeródromo Jodynka el 15 de marzo de 1960.

El programa incluía una rutina de ejercicios físicos repetitivos y tan dura que Gherman Titov, otro de los seleccionados, describió como algo similar a la preparación de unos Juegos Olímpicos. Otro de los seleccionados, Yevgueni Jrunov, opinaba de Gagarin que estaba muy concentrado, se exigía mucho a sí mismo y a los demás cuando era necesario. El 30 de mayo de 1960 fue seleccionado para un grupo

El cosmonauta Guermán Titov junto a la estatua de Cristóbal Colón, con la Coit Tower al fondo (San Francisco, 7 de mayo de 1962). Durante la visita, se escuchó comentar: «Colón descubrió que el mundo era redondo para que tú pudieras darle la vuelta» [Eric Fischer].

de entrenamiento acelerado a que se llamó los Seis de Sochi, del cual se elegirían a los astronautas del programa Vostok

Como varios de los candidatos no tenían estudios superiores, se les permitió inscribirse en un programa de cursos por correspondencia en la Academia de Ingeniería de la Fuerza Aérea. Gagarin, uno de los no titulados, se inscribió en septiembre de 1960 y no obtendría su título hasta 1968. Entre las pruebas de resistencia física y psicológica se encontraban las de hipoxia y las de ingravidez, que se realizaban en una centrifugadora.

Mucho más interesante resulta leer la evaluación de su personalidad que realizó un médico militar: «Modesto, se avergüenza cuando su humor es demasiado ácido; alto grado de desarrollo intelectual en Yuri; memoria fantástica, se distingue de sus colegas por su agudo y amplio sentido de atención a su entorno; una imaginación bien desarrollada; reacciones rápidas, perseverante, se prepara minuciosamente para sus actividades y ejercicios de entrenamiento, domina la mecánica celeste y las fórmulas matemáticas con facilidad, además de sobresalir en matemáticas avanzadas; no se autolimita cuando tiene que defender su punto de vista si lo considera correcto. Parece que entiende la vida mejor que muchos de sus amigos».

Los Seis de Sochi recibieron la acreditación como cosmonautas en enero de 1961 y, con posterioridad, tuvieron que superar un examen de dos días ante un tribunal presidido por el teniente general Nikolái Kamanin, supervisor del programa Vostok. El 17 de ese mismo mes pasaron por un simulador dentro de una réplica a tamaño real de la cápsula. El siguiente día, realizaron un examen escrito tras el cual la comisión seleccionó a Gagarin como el mejor candidato.

Gagarin nunca se vio envuelto en escándalos (al menos no muy ruidosos), como sí ocurrió con su piloto suplente Gherman Titov, que siempre arrastró fama de mujeriego y bebedor. Fama que compartían también los otros tres astronautas del grupo de preseleccionados para el vuelo: Grigoriy

Nelyubov, Ivan Anikeyev y Valentin Filatiyev, y que fueron expulsados tras una monumental borrachera. Los tres cayeron en desgracia, desapareciendo de fotografías oficiales y pasando a la más absoluta oscuridad. De hecho, Nelyubov murió en 1966 en circunstancias extrañas, en las que se implicó al KGB.

El historiador Asif Siddiqi, historiador espacial estadounidense, escribió sobre la selección final: «Al final, en la reunión de la Comisión de Estado del 8 de abril, Kamanin se puso de pie y nominó formalmente a Gagarin como piloto principal y a Titov, como suplente».

El día de la misión había descansado por la noche y estaba tranquilo. Su desayuno consistió en dos tubos de 160 gramos, uno de carne y el otro de salsa de chocolate. Su uniforme: un mono de color naranja y un casco con las siglas de la URSS. Fue trasladado en autobús hasta la rampa de lanzamiento. Durante el trayecto del autobús se produjo una de las anécdotas más célebres de toda la carrera espacial: Gagarin pidió parar el autobús, bajó del mismo y orinó sobre una de las ruedas. Esto se ha convertido en un ritual y todo el que sale de Baikonur con rumbo al espacio cumple con el mismo.

En la Rampa n.º 1 se encuentra anclado el Vostok 1, la nave que llevará a Gagarin al espacio. Durante las dos horas que dura la revisión de los equipos y la carga de combustible, el cosmonauta se dedica a cantar y silbar todo el repertorio de canciones que conoce. En esta revisión se constató un fallo de hermeticidad en la nave y los técnicos, angustiados, tuvieron que quitar y volver a poner los 32 tornillos que sellaban la escotilla. Gagarin tuvo tiempo de bromear con ellos por este hecho y antes de despegar dijo: «lo importante es que haya salchichón para acompañar el aguardiente».

A las 9.57 horas de Moscú los propulsores de la nave se pusieron en marcha. Un violento tirón empuja al cosmonauta contra su asiento. En ese momento su famoso «¡Allá vamos!». Al cabo de dos minutos se separaron los cuatro propulsores externos y el aire se volvió tan tenue que Gagarin pudo liberarse de la cofia protectora y contemplar el paisaje que se dibujaba en el exterior de la nave. Conforme ascendía, la curva del horizonte terrestre se hacía más y más evidente sobre el fondo de un cielo negro. Los sensores médicos que se encontraban conectados a su cuerpo no presentaban ninguna anomalía y cuando el cosmonauta habla se le nota tranquilo, muy contento.

A los once minutos del despegue, la tercera etapa se separa del Vostok 1, ya no es necesaria la propulsión. La nave se desplaza a 28 000 kilómetros por hora. Gagarin afirma: «Veo la superficie terrestre a través de la ventanilla. El cielo es negro. Y rodeando el horizonte hay una aureola azul muy bonita que se oscurece a medida que se aleja de la superficie. ¡Qué hermosa es!». El tiempo de su vuelo fue de 108 minutos.

Tras su paso por el espacio, la conciencia ecologista del cosmonauta emergió e hizo campaña a nivel internacional. Llegó a afirmar: «Dando vueltas a la Tierra en mi nave espacial orbital me maravillé de la belleza de nuestro planeta. Pueblos del mundo, protejamos y aumentemos esa belleza, no la destruyamos». Otra frase que se atribuye a Gagarin, aunque no hay grabación alguna que lo confirme, es «Aquí no veo a ningún Dios». Nikita Jrushchov sí afirmaría: «Gagarin estuvo en el espacio, pero no vio a ningún Dios allí».

Multitudes de soviéticos se lanzaron a las calles para celebrar la mayor hazaña del país. Como curiosidad, Gagarin aterrizó con su mono naranja y su paracaídas en medio del campo, en Smelovka, donde no se tenía noticia alguna sobre su gesta, y unas campesinas se asustaron al verlo. Gagarin tuvo que calmarlas diciéndoles: «¡No tengáis miedo!». «¡Soy soviético, como vosotras!». Hubo un error de frenado que motivó que, al regresar, no aterrizara en el punto premeditado, que supuestamente era a unos 110 kilómetros de la actual Volgogrado. En vez de eso lo hizo en la provincia de Sarátov.

Gagarin fue abrumado por condecoraciones, ascensos, nombramientos, la adoración de su gente. Toda esa losa cayó de repente sobre un hombre proverbialmente sencillo. Sin

Yuri Gagarin saluda tras aterrizar en el aeropuerto de Londres el 11 de julio de 1961. El cosmonauta soviético visitaba el Reino Unido como invitado de la feria comercial rusa [Archivo AP].

pretenderlo, se convirtió en el mejor embajador de la Unión Soviética y en la personificación del hombre nuevo socialista. Visitó Gran Bretaña, Brasil, Bulgaria, Canadá, Cuba, Checoslovaquia, Finlandia, Hungría e Islandia. Debido a su popularidad, el presidente Kennedy le prohibió visitar Estados Unidos. En una época en la que la imagen ya se imponía al contenido, la sonrisa de Gagarin ganó más adeptos para la causa soviética que la ideología marxista y el socialismo preconizado por el Kremlin.

En su libro *Veo la Tierra*, Gagarin manifestó: «Después de haber cumplido la misión espacial me era difícil pasear por las calles de Moscú y la Plaza Roja sin que nadie se fijara en mí y sin ser reconocido. La popularidad es una cosa irreparable. Uno se ve obligado a meditar a qué y a quién se debe». En el mismo libro Gagarin responde a un periodista que le pregunta sobre su popularidad y el descanso que tendrá garantizado de por vida: «¿Descansar?, repliqué, aquí en la Unión Soviética, todos trabajan y las personas célebres, héroes de la Unión Soviética y del Trabajo Socialista, lo hacen con tanta mayor dedicación. Son miles en el país, y procuran trabajar lo mejor posible, sirviendo de ejemplo a imitar por los demás».

En una entrevista concedida en 2006, su amigo el coronel Petrov, afirmó que Gagarin había sido bautizado de niño en la iglesia ortodoxa rusa, mientras que en 2011, en palabras del rector de la iglesia ortodoxa de la Ciudad de las Estrellas, manifestaba que «Gagarin bautizó a su hija mayor Elena poco antes de su vuelo espacial, su familia solía celebrar la Navidad y las Pascuas y tenían iconos religiosos en casa».

Sus conocidos coinciden en que la fama no lo cambió, lo agobiaba. Sus ansias por volver al espacio, lejos de amainar, aumentaron. La muerte de su compañero Vladímir Komarov, el 24 de abril de 1967, tras un fallo en el paracaídas de la Soyuz 1, al regresar a la Tierra, supuso el final de su carrera espacial. Era demasiado valioso como para exponer su vida.

El 3 de octubre de 1961 tuvo lugar uno de los episodios más oscuros de la vida de Gagarin, poco dado a excesos. Se hallaba en un sanatorio de Crimea cuando cayó al saltar de un segundo piso tratando de esconderse de su esposa, cuando esta lo sorprendió seduciendo a una enfermera. Como consecuencia, Gagarin lució una cicatriz encima de su ceja izquierda el resto de su vida.

Elevado al rango de coronel, llegó a ser nombrado miembro del Soviet Supremo en 1963, el máximo órgano legislativo de la URSS. Falleció el 27 de marzo de 1968, víctima de un accidente de aviación. Las causas del accidente han sido objeto de polémica desde el mismo momento en que se produjo. Las autoridades soviéticas consideran que el MiG-15 que pilotaba, acompañado por el instructor Vladímir Segyogin, maniobró de forma errática, precipitándose en picado contra la superficie.

En Occidente se habló de que el caza pudo ser desestabilizado por el choque contra un globo atmosférico. El también astronauta soviético, Alexei Leónov, señaló hace poco que Gagarin murió como consecuencia de un error humano. Leónov afirmó que la causa de la muerte fue un jet supersónico Su-15 que estaba siendo probado ese mismo día. El vuelo de esta nave estaba previsto para una altura de 10 000 metros y no de 500, como ocurrió en el momento del accidente. La onda de choque, siempre según Leónov, habría afectado al vuelo de Gagarin.

Los dos aviones deberían haber estado a más de 15 kilómetros, y no se cumplió con el protocolo. Leónov solo fue autorizado en 2013 por el gobierno ruso a aclarar los términos del accidente, eso sí, sin desvelar la identidad del piloto causante del accidente. Tras la muerte del héroe, el gobierno soviético decretó luto nacional y fue enterrado, con honores de estado, en el muro del Kremlin.

Alan B. Shepard Jr. en su traje presurizado, con el casco abierto, en los momentos previos a convertirse en el primer estadounidense en viajar al espacio a bordo del Mercury-Redstone 3 [NASA].

ALAN SHEPARD, UN AMERICANO EN EL ESPACIO

Nació Alan Shepard el 18 de noviembre de 1923, en el estado nororiental de New Hampshire, descendiente de un pasajero del mítico Mayflower. Su padre, Alan, trabajó en el banco propiedad de su abuelo, el Derry National Bank, y en 1915 se unió a la Guardia Nacional. Sirvió en la Fuerza Expedicionaria Norteamericana en Francia, durante la Primera Guerra Mundial. Permaneció en la Guardia Nacional y fue llamado al servicio activo durante la Segunda Guerra Mundial, ascendiendo al grado de teniente coronel.

El joven Alan asistió a la Escuela Adams de Derry, siendo muy elogiado por sus maestros. Tan bueno fue su rendimiento que al final de secundaria se había saltado dos grados. El centro en el que siguió sus estudios fue una academia en la que impartió clases su padre y del que fue administrador su abuelo. Desde muy pequeño manifestó su pasión por volar y en la academia creó un club de aeromodelismo. Como regalo de Navidad, en 1938, recibió un vuelo en un Douglas DC-3. Un año después comienza a ir en bicicleta al aeródromo de Manchester, donde hace trabajos ocasionales a cambio de un paseo en avión o una lección de vuelo.

Cuando termina secundaria, la Segunda Guerra Mundial está causando estragos y su padre ansía que se una al ejército. Alan Shepard eligió la Armada, aprobando con facilidad el examen de ingreso a la Academia Naval de Estados Unidos en Annapolis, en 1940, pero era demasiado joven para empezar su preparación militar y fue enviado a una academia preparatoria, la Almirante Farragut, en la que se graduó en 1941. Shepard disfrutó de los deportes acuáticos durante su estancia en la Academia Naval, ganando varias regatas.

Debido a la guerra, la formación, habitualmente planificada para cuatro cursos, se redujo a uno solo, graduándose el 6 de junio de 1944. Tras un mes de instrucción como piloto, fue destinado al destructor US Cogswell, desplegado en aguas del Pacífico. Tan solo después de dos días en el mar, su barco ayudó a rescatar a los marineros del crucero US Reno, torpedeado por los japoneses, y al que luego escoltaría hasta la base naval de Ulithi. Shepard entraría en combate junto a sus compañeros en la invasión del golfo de Lingayen, en enero de 1945.

Un mes después el barco retornaría a Estados Unidos para una revisión, obteniendo Shepard un permiso que aprovechó para casarse con Louise Brewer, con quien a la postre tendría dos hijas (en realidad fueron tres porque acogieron como hija propia a la sobrina de Louise, tras el fallecimiento de su hermana). En su segundo crucero en el Cogswell, participó en la Batalla de Okinawa, en calidad de oficial de artillería. Su barco participó en los bombardeos de Japón y estuvo presente en la rendición de Japón, en la bahía de Tokyo, en septiembre de 1945. Shepard regresaría a los Estados Unidos un mes más tarde.

Shepard ya había decidido hacerse piloto y en noviembre de 1945 ingresaría en la Escuela Aérea Naval de Corpus Christi, en Texas, para recibir instrucción. Sus mediocres calificaciones estuvieron a punto de costarle las alas de piloto. Para compensarlas hizo algo que la Marina desaprobaba: tomó clases de vuelo en una escuela civil local, obteniendo su licencia de piloto civil. Gracias a esto mejoró sus habilidades como piloto y a primeros de 1947 sus instructores consideraron que podía considerarse por encima de la nota de corte.

Fue enviado a entrenamiento avanzado en la Escuela Aérea Naval de Pensacola, en Florida. Su última prueba consistió en seis aterrizajes en el portaaviones US Saipan, en los que consiguió la máxima nota. Su padre sería el encargado de imponerle las alas de piloto naval en una emotiva ceremonia. Shepard fue asignado el Escuadrón de Caza 42, con base en el US Franklin D. Roosevelt y tuvo su primer crucero en el portaaviones en 1948, en aguas del mar Caribe. Durante la misma tiene lugar un episodio que define bien a las claras el carácter de Shepard.

La mayoría de pilotos embarcados en el Roosevelt eran novatos, se trataba de su primera misión. A los que no lo eran se les encomendaba una peligrosa misión: desembarcos nocturnos en el portaaviones, una maniobra que hacía aún más peligrosa el hecho de que los aviones que portaban, los Corsair, se inclinaban peligrosamente durante la aproximación al buque. Shepard logró persuadir a su comandante para que le permitiera «calificar» también. Tras un breve regreso a casa, Shepard se embarcaría en su buque para una gira de nueve meses por el Mediterráneo; Alan se ganó fama de juerguista y mujeriego. Como contrapartida, instituyó un ritual siempre que podía llamaba a su mujer a las 17.00.

En 1950, Shepard decide convertirse en piloto de pruebas para la Marina y es seleccionado para ingresar en la Escuela de Pilotos de Pruebas Navales de los Estados Unidos en Maryland, graduándose en 1951. En esta nueva faceta realizó pruebas a gran altitud para obtener información sobre la luz y las masas de aire a diferentes altitudes sobre América del Norte. A punto estuvo de verse ante un consejo de guerra promovido por el comandante de la base naval. El motivo: sobrevolar a baja altura la playa de Ocean City, en Maryland, y la propia base. Sus superiores de entonces intercedieron por él.

El siguiente destino de Shepard fue el escuadrón de caza VF-193, con base en la Estación Aérea Naval de Moffett Field, California. El escuadrón formaba parte del Grupo Aéreo 19 al mando de Jig Dog Ramage. En aquella época eran pocos

Retrato de Dwight D. Eisenhower pintado por James Anthony Wills
en 1967 [Eisenhower Presidential Library, Museum & Archives].

los pilotos de pruebas navales que volaban en aviones en reacción y Shepard llegó a este escuadrón por recomendación de Elder, uno de los jefes que intercedieron por él en el episodio que estuvo a punto de costarle el consejo de guerra. Ramage convirtió a Shepard en su propio compañero y eso le salvó la vida. La función de Shepard como responsable de operaciones del escuadrón era impartir sus conocimientos a sus compañeros para mantenerlos con vida. Fue asignado a una misión de combate en Corea en 1953 pero el armisticio firmado en julio de 1953 y que puso fin a la Guerra, impidió que Shepard llegara a combatir.

Shepard era reclamado para los despachos, e incluso el contraalmirante Whitney quiso tenerlo como asistente, pero la intercesión de Ramage hizo que se cumpliera con la voluntad del piloto, cuya única obsesión era volar. Siguió probando aviones de combate de todo tipo y en 1957 se convirtió en piloto de pruebas del proyecto Douglas F5D Skylancer y su informe desfavorable al avión provocó la cancelación de los pedidos que había hecho la Armada. Más tarde se convirtió en instructor de la Escuela de Pilotos de Pruebas, ingresando posteriormente en la Escuela de Guerra de Newport. Se graduó en 1957 y se convirtió en Oficial de Preparación de Aeronaves bajo el mando directo del comandante en Jefe de la Flota del Atlántico. Para aquellas fechas, Shepard ya contaba con más de 3600 horas de vuelo.

El 4 de octubre tuvo lugar un acontecimiento que iba a cambiar la vida de Shepard para siempre: la Unión Soviética lanzó el Sputnik 1, el primer satélite artificial. Este acontecimiento destrozó la confianza de la sociedad norteamericana en su superioridad tecnológica. El entonces presidente Eisenhower decidió iniciar la carrera espacial y para ello autorizó la creación de la NASA el 1 de octubre de 1958, con el fin de desarrollar tecnología espacial. El 17 de diciembre de 1958 se anunció públicamente una de sus primeras iniciativas: lanzar a un hombre a la órbita terrestre y devolverlo sano y salvo a la Tierra.

La Agencia recibió autorización del presidente para seleccionar astronautas de entre los pilotos militares. De entre los 508 graduados de la Escuela de Pilotos de pruebas, solo 110 cumplían los requisitos exigidos: menores de 40 años, licenciados y altura de 1,80 m. Los dos primeros criterios eran flexibles, pero el de la altura era rígido por el tamaño de la nave espacial. Los 110 fueron divididos en tres grupos, siendo el primero el que tenía los candidatos más prometedores. En él estaba Alan Shepard.

Este primer grupo fue convocado en el Pentágono el 2 de febrero de 1959. Fueron separados, por un lado, los Oficiales de la Armada y del Cuerpo de Marines, y por otro, los de la Fuerza Aérea. Tras ofrecérseles garantías de que sus carreras no sufrirían mermas por esta aventura, los candidatos prometieron su apoyo al programa espacial. A renglón seguido se les ofrecieron detalles sobre el proyecto Mercury. Esa noche, Shepard compartió sus dudas con sus compañeros Jim Lovell, Pete Conrad y Wally Schirra y, al final, decidieron presentarse voluntarios. Los cuatro se convertirían en astronautas.

Se repitió el protocolo con un segundo grupo de 34, que sumados a los 35 primeros hacían un total de 69. De ellos, 16 se negaron y el resto fue rechazado por distintos motivos hasta quedar 32 candidatos. La NASA decidió no seguir el procedimiento con el tercer grupo de 41 aspirantes porque consideraba que con los 32 preseleccionados era suficiente para encontrar los 12 candidatos definitivos. Finalmente, serían 6 los elegidos.

Tras este procedimiento previo vino una segunda parte con un entrenamiento físico y psicológico extremo; Lovell fue eliminado por enfermedad en esta etapa, aunque luego se descubrió que el diagnóstico era erróneo. Ante el excelente nivel mostrado por los aspirantes, el director del Grupo de Tareas Especiales de la NASA, Robert Gilruth, se vio incapaz de elegir seis, y al final fueron siete los elegidos para el programa. Shepard supo de su selección el día 1 de abril de 1959. El resto de los miembros del grupo fueron: Scott Carpenter, Gordon Cooper, John Glenn, Gus Grissom, Wally Schirra y Deke Slayton.

Los elegidos tomaron completa conciencia de la aventura en la que se habían embarcado en la noche del 18 de mayo de 1959, cuando asistieron en Cabo Cañaveral al lanzamiento del cohete SM-65D Atlas, similar al que los llevaría a la órbita terrestre; a los pocos minutos del lanzamiento el cohete explotó, dejando atónitos a los astronautas. La reacción de Shepard, dirigiéndose hacia Glenn, ha hecho historia: «Bueno, me alegro de que se hayan quitado eso de en medio».

La competencia entre los siete fue brutal, especialmente entre Glenn y Shepard. Shepard dejó de fumar e imitó la práctica de Glenn de correr todas las mañanas. El 19 de enero de 1961, Robert Gilruth informó al grupo de que Shepard era el elegido: sería el primer hombre en el espacio. La respuesta de Louise Shepard a su marido cuando este le comunicó su elección es leyenda de la carrera espacial. En los brazos del astronauta, respondió así a su marido cuando este le dijo que quien tenía con ella sería el primer hombre en el espacio: «¿Quién dejó a un ruso entrar aquí?». La preparación de Shepard incluyó 120 vuelos simulados e inicialmente se programó su aventura para el 5 de diciembre de 1960, y tras varios aplazamientos fue reprogramado para 5 de mayo de 1961.

Todos estos preparativos se vieron sacudidos por un hecho extraordinario: el 12 de abril de 1961, el cosmonauta soviético Yuri Gagarin se convirtió en la primera persona en el espacio y el primero en orbitar la Tierra. Fue un golpe durísimo al orgullo norteamericano; Shepard reaccionó con tanta ira que golpeó la mesa que tenía cerca de tal manera que un oficial de la NASA testigo del momento creyó que se había roto la mano. Finalmente, el 5 de mayo de 1961, Shepard se convirtió en la segunda persona en el espacio y el primer estadounidense.

Instantes de tensión y preparación en Cabo Cañaveral, Florida, el 2 de mayo de 1961, durante la alerta previa al histórico lanzamiento del MR-3 [Rawpixel/Shutterstock].

Ese día Shepard a las 1.10 (hora local) y tomó un desayuno compuesto de zumo de naranja, filete mignon envuelto en tocino y huevos revueltos. Le acompañó su suplente, John Glenn, y el cirujano de la misión William Douglas. Tras ello fue ayudado a vestir su traje espacial y subió a la furgoneta que lo llevará al pie del cohete espacial a las 3.55 horas; a las 5.20 horas ya se encontraba en el interior de la nave. Los continuos retrasos en el lanzamiento lo mantuvieron atado a su asiento de la cápsula y embutido en un traje espacial que no tenía ningún sistema de eliminación de desechos corporales durante cuatro horas; al final, la resistencia de Shepard cedió y orinó en el interior de su traje. La orina se acumuló en la parte baja de su espalda para después ser absorbida por su ropa interior, convirtiéndose una auténtica tortura para el astronauta. El traje espacial sería modificado para la siguiente misión del programa.

Shepard se mantuvo en trayectoria suborbital durante quince minutos; Gagarin estuvo en el espacio durante 108 minutos. El norteamericano ascendió hasta los 187 kilómetros de altitud y tras su periplo amerizó a unos 500 kilómetros de Cabo Cañaveral, en el Océano Atlántico. A diferencia del viaje de Gagarin, absolutamente automatizado, Shepard sí tenía cierto control sobre su nave, un cohete Redstone y fue visto por millones de personas a través de televisión. En su libro sobre esta aventura *El fallo no es una opción*, Gene Kranz, el entonces director de Vuelos de la NASA, relata: «Cuando los periodistas le preguntaron a Shepard qué pensaba mientras estaba sentado en la cima del cohete, esperando el despegue, este respondió: "El hecho de que cada parte de esta nave fue construida por el mejor postor"».

Tras una dramática misión de rescate, Shepard empezaría a tomar conciencia de lo logrado. El propio astronauta relataría que sintió miedo al contactar con el mar; el impacto fue comparable al de un avión posándose sobre un portaaviones. Un helicóptero de rescate llegó al lugar en pocos minutos, y la cápsula tuvo que ser izada parcialmente para que el astronauta pudiera salir por la escotilla y ser izado hasta el helicóptero que lo trasladaría al portaaviones USS Lake Champlain. El astronauta fue recibido como un héroe nacional, y vitoreado como tal en desfiles en su honor que tuvieron lugar en Washington, Nueva York y Los Ángeles. El presidente Kennedy lo condecoró con la Cruz de Vuelo Distinguido.

Shepard trabajó desde Tierra para el primer vuelo de John Glenn, quien en 1962 se convirtió en el primer norteamericano en orbitar la Tierra. Una carambola provocó que se convirtiera en el astronauta de la Mercury-Atlas 9 en 1963; el titular Gordon Cooper fue apartado disciplinariamente. Ese mismo año fue designado para pilotar la Mercury-Atlas 10, pero cuando ya se hallaba en las últimas fases del proyecto, James Webb, Administrador de la NASA, comunicó públicamente que el programa Mercury había finalizado y no se llevaría a cabo la misión. Ni la insistencia de Shepard, que incluso apeló a Kennedy, pudo hacer desistir a Webb.

A finales de ese año comienza un auténtico calvario para el astronauta. Empieza a sufrir episodios de mareos y náuseas seguidos de un fuerte ruido metálico en el oído interno. Shepard decidió ocultarlo porque había sido designado comandante de la primera misión del proyecto Gémini, continuación del Mercury. Más tarde reconocería que era consciente de que un episodio de este tipo en el espacio podría resultar fatal, pero tras un incidente durante una conferencia en Houston, no tuvo más remedio que hacerlo público. El diagnóstico médico fue concluyente: Shepard padecía el síndrome de Menière, una patología que provoca acumulación de líquido en el oído interno y sin cura conocida, aunque en aquella época se aseguraba que en el 20 % de los casos se curaba sola. Para colmo de males, le diagnosticaron además glaucoma y un tumor en el tiroides.

Fue operado del tumor el 17 de enero de 1964 y le extirparon el 20 % de su tiroides. Como consecuencia de todo ello fue retirado del servicio como piloto. Como recompensa

Primera edición de *The Right Stuff* (*Nacidos para la gloria*), de Tom Wolfe, que inspiró la película de 1983 protagonizada por Sam Shepard, Scott Glenn y Ed Harris [Manhattan Rare Book Company].

fue designado Jefe de la Oficina de Astronautas y, por tanto, responsable de su entrenamiento. Entre otras tareas, coordinó la aportación de los astronautas a la planificación de las misiones, y colaboró en el diseño de naves espaciales, al margen de formar parte del equipo encargado de seleccionar astronautas para las diferentes misiones. Fue una época en la que aprovechó su popularidad para enfrascarse en inversiones financieras con bastante éxito.

En esta época utilizaba su despacho en la NASA para atender también sus negocios. Sin embargo, nunca dejó de soñar con volver al espacio. Así, en 1968, su secretaria hizo que se tomaron dos fotos del «astronauta» con los estados de ánimo del día; una con un sonriente Al Shepard y otra con un comandante sombrío. Para advertir a los visitantes del estado de ánimo de Shepard, su asistente colgaba la fotografía apropiada en la puerta del despacho de este. El escritor Tom Wolfe contó la anécdota en su libro *Nacidos para la gloria*, en el que relata algunos de los hechos más interesantes de la carrera espacial.

A pesar de todo ello, Shepard nunca olvidó el sueño de volver al espacio y ese mismo año 1968 su compañero Thomas Stafford le recomendó que viera al otorrino William House, en Los Ángeles, quien aseguraba haber encontrado una cura a la enfermedad de Menière. Shepard visitó al doctor House y este lo operó, practicándole un agujero en el saco endolinfático en el que se insertó un pequeño tubo para drenar el exceso de líquido. La intervención tuvo lugar el 14 de mayo de 1968 y para evitar publicidad, Shepard se registró bajo otro nombre. Un año después, Shepard fue declarado apto para el vuelo.

Slayton, director de Vuelo de la NASA, puso a Shepard al mando de la siguiente misión lunar, la Apolo 13. Un puesto que correspondía a Gordon Cooper, pero se le apartó para beneficiar a Shepard. Tras varias renuncias, el equipo quedó compuesto por el propio Shepard, Roosa y Mitchell, todos novatos en este programa. Cuando Slayton presentó su propuesta fue rechazada de plano por el administrador de la NASA, George Mueller, quien se vio obligado a recurrir a Jim Lovell y su tripulación, que ya habían sido asignados a la Apolo 14.

El desastre de la Apolo 13 frenó a la Apolo 14, incluso Lovell y Shepard bromearon diciendo que se devolverían mutuamente el mando de esta nueva misión. Finalmente, en 1971, Shepard comandaría la tercera misión exitosa de alunizaje de Estados Unidos, y no solo realizaría esta función, sino que también pilotaría el módulo lunar. A los 47 años, Shepard se convertía en el hombre más viejo en caminar sobre la Luna. Fue la primera misión retransmitida en color y el comandante protagonizó una de las anécdotas más divertidas de la historia espacial.

El 6 de febrero de 1971, Alan Shepard se convirtió en el quinto hombre en pisar la Luna y el primer en jugar al golf sobre su superficie. El palo de golf fue diseñado especialmente para esta misión; se había modificado con una cabeza hueca para aligerar su peso y una vara extensible para aumentar la fuerza de la caña. Shepard llevó consigo dos pelotas, una blanca y otra plateada, y se aseguró de que tanto palo como pelotas fueran lo suficientemente ligeras como para ser manejados en la superficie de nuestro satélite. Una vez listo en la superficie lunar, y a pesar de la falta de gravedad y la dificultad para moverse con su traje espacial, Shepard consiguió golpear la pelota blanca con éxito.

Tras golpear la pelota blanca, Shepard hizo lo propio con la plateada antes de regresar al módulo lunar. La primera alcanzó una distancia de 22 metros y la segunda de 37. Había conseguido demostrar la capacidad humana para explorar y divertirse en ambientes tan inhóspitos como el lunar. Por esta misión, Shepard fue condecorado con la Medalla al Servicio Distinguido de la NASA. En junio de 1971 volvió a ocupar el puesto de Jefe de la Oficina de Astronauntas de la NASA y eran tales su popularidad y prestigio que el presidente Nixon lo nombró delegado para la Asamblea General de Naciones Unidas de ese año.

El mismo Nixon lo ascendió a contraalmirante el 26 de agosto de 1971, el primer astronauta en alcanzar tal rango. Shepard se retiraría de la NASA y de la Marina en 1974. La publicación de un libro de Tom Wolfe en 1979, donde se ofrecen detalles sobre las aventuras amorosas del astronauta, puso en riesgo su matrimonio. A partir de este momento, Shepard dedicó mucho más tiempo a sus hijas y nietos, aunque no desdeñó cargos en juntas directivas de numerosas corporaciones. En 1984 fundó, junto con antiguos camaradas del espacio, la Mercury Seven, para proporcionar becas universitarias a estudiantes de ciencias e ingenierías. En 1997 sería renombrada como Fundación de Becas para Astronautas y en 2022 su hija Laura sería nombrada presidenta.

Alan Shepard falleció el 21 de julio de 1998 como consecuencia de complicaciones de la leucemia que le había sido diagnosticada dos años antes. En su declaración de condolencias, el presidente Clinton afirmaba que «Shepard llevó a nuestro país y a toda la humanidad más allá de los límites de nuestro planeta, a una frontera verdaderamente nueva, hacia la nueva era de la exploración espacial». El destino quiso que su mujer, Louise, falleciera el 25 de agosto de ese mismo año, a la que hora a la que marido la llamaba cuando estaba de servicio, las cinco de la tarde.

El legado que dejó Shepard lo convierte en una figura clave de la exploración espacial norteamericana. En el cine ha sido un personaje recurrente, desde *Elegidos para la gloria* (1983), donde tiene, como en el libro de Wolfe, un papel protagonista, pasando por *Carrera espacial* (2001) a la aclamada *Figuras ocultas* (2016). Las series de TV *De la Tierra a la Luna*, *Elegidos para la gloria* y *El Club de las esposas de los astronautas* también tratan con mayor o menor fuerza al personaje.

La misión Mercury-Atlas 6 del 20 de febrero de 1962, protagonizada por John Glenn, no estuvo exenta de desafíos técnicos durante sus tres órbitas alrededor de la Tierra [NASA].

JOHN GLENN, EL PRIMER NORTEAMERICANO QUE ORBITÓ LA TIERRA

John Glenn nació en Ohio el 18 de julio de 1921, hijo de una familia humilde. Sus padres se casaron poco antes de que su padre fuera movilizado al Frente Occidental durante la Primera Guerra Mundial. Poco después de su nacimiento, la familia cambió de ciudad, pero no de estado, y se marchó a New Concord. Su padre se estableció con un negocio propio. Siendo todavía un niño conocería a la que a la postre sería la compañera de toda su vida, su mujer Anna Margaret. Ambos afirmaban que no recordaban una época de su vida en la que no se hubieran conocido.

A los ocho años acompañó a su padre durante un vuelo en avión, y quedó fascinado. De esta época data su afición por montar maquetas de aviones. En el plano educativo cursó los estudios primarios en la escuela elemental de su ciudad y se dedicó a lavar coches, vender ruibarbo y periódicos para poder comprar una bicicleta. Más tarde cursaría los estudios de secundaria en su misma ciudad donde destacó por sus dotes deportivas en fútbol americano. Esas dotes le abrieron el camino de la Muskingum College, donde cursaría estudios universitarios de química, aunque no llegó a graduarse.

Tras dejar la universidad consiguió la licencia de piloto civil y una beca para el Programa de Entrenamiento de Pilotos Civiles, en 1941. Cuando su país entra en guerra,

Glenn solicita el alistamiento en la Fuerza Aérea, pero no lo consigue, por lo que decide alistarse como cadete piloto de la Armada en marzo de 1941. Ingresó en la Universidad de Iowa para realizar un curso de adiestramiento previo y realizó su primer vuelo en solitario en un avión militar en Kansas, poco después.

Durante su período de entrenamiento avanzado en la base aérea de Corpus Christi (Texas) aceptó una propuesta para integrarse en el Cuerpo de Marines, finalizando su entrenamiento con el grado de subteniente en 1943; poco después se casaría con su novia de toda la vida. En plena Segunda Guerra Mundial, John Glenn ansiaba entrar en combate y solicitó un traslado al Escuadrón VMO-155, por aquel entonces también con sede en California. En julio de ese mismo año fue aceptada su petición y en octubre sería ascendido al grado de teniente. En enero de 1944 sería destinado a Hawái.

Participó en 57 misiones de combate y obtuvo dos Cruces de Vuelo Distinguido. Tras varios destinos provisionales fue ascendido a capitán en julio de 1945 y obtuvo destino en Cherry Point (Carolina del Norte). Se ofreció después como voluntario para varias misiones arriesgadas, en 1948 decidió convertirse en instructor de vuelo. Tras un curso de seis meses en la Escuela de Guerra Anfibia con sede en Quantico (Virginia) se convirtió en profesor de la Escuela del Cuerpo de Marines, con sede en la misma base. Para mantener su capacitación volaba los fines de semana. Por los servicios prestados recibió, entre otras, la Medalla de la Victoria de la Segunda Guerra Mundial. Ascendido a mayor en julio de 1952, y tras una breve licencia en casa, recibió la orden de trasladarse a Corea, ya en plena fase final de la guerra. Allí realizó 63 misiones de combate y recibió el apodo de «trasero magnético» por la cantidad de impactos de artillería que recibió durante las mismas, hasta 250 en dos misiones. Por los servicios prestados en este conflicto recibió dos Cruces de Vuelo Distinguido.

Tras su brillante etapa como piloto de caza, y todavía estando en Corea, solicitó formarse como piloto de pruebas, graduándose en julio de 1954. En un vuelo en el que mantuvo un promedio de velocidad por encima de la del sonido tomó la primera fotografía transcontinental de Estados Unidos y consiguió una Cruz más de Vuelo Distinguido, ascendiendo a teniente coronel en 1959. Tras el vuelo del Sputnik, la confianza en la superioridad tecnológica de Estados Unidos cayó en picado entre su población y, tal como decíamos en el capítulo anterior, el presidente Eisenhower impulsó la carrera espacial.

Mientras Glenn se encontraba de servicio en Patuxent y Washington, fue solicitado un piloto de pruebas desde la Base Aérea de Langley con el objeto de que hiciera pruebas en un simulador espacial. Se trataba de un experimento de la NASA sobre prototipos de vehículos de reentrada atmosférica. Su solicitud fue aceptada y Glenn pasó varios días allí. Tras ello, la NASA le pidió su asesoramiento en el desarrollo de una maqueta espacial que se había encargado a la McDonnell Aircraft Corporation en Saint Louis.

Como contábamos en el capítulo anterior, fue elegido como uno de los miembros del Mercury Seven, los siete astronautas seleccionados para el programa Mercury, junto con Scott Carpenter, Gordon Cooper, Virgil I. Grissom, Walter Schirra, Alan Shepard y Deke Slayton. En *Elegidos para la gloria*, Tom Wolfe escribe que Glenn «Tenía el mejor historial como piloto, era el más conocido, el más fotogénico y el único marine». El grupo de astronautas se trasladaría a Houston (Texas) y Glenn presionó a sus compañeros para que fueran un ejemplo de moralidad, haciendo honor a la imagen impecable que la revista *Life* había hecho de ellos, lo que no fue muy del agrado de sus colegas.

Glenn fue piloto reserva de los dos primeros vuelos tripulados del programa Mercury. Posteriormente fue seleccionado para la Mercury Atlas 6, el primer vuelo orbital tripulado de la NASA, con Carpenter como suplente. Hizo pintar a mano el nombre de Friendship 7 y Glenn pasó en ella más de 25 horas antes del vuelo y casi 60 en el simulador. Tras muchos retrasos, Glenn despegó a bordo de su nave el 20 de febrero de 1962 y durante la primera órbita se detectó un fallo en el sistema de control automático, lo que obligó a Glenn a operar en modo manual durante las dos siguientes órbitas y en la reentrada en la atmósfera. Un indicador telemétrico alertó al control de tierra durante la segunda órbita que la bolsa de flotación situada justo detrás del escudo térmico se había desplegado; la consecuencia sería que piloto y nave se calcinarían durante la reentrada.

Tras una larga discusión, el equipo de control de tierra decidió no desprenderse del paquete de retrofrenado para mantener el escudo térmico en su sitio. Se decidió no contar el motivo a Glenn, que mostró sorpresa por la decisión, pero obedeció sin rechistar. A pesar del pánico provocado, se demostró que había sido solo un fallo del panel de control. De vuelta a la Tierra, la nave amerizó a unos 1300 kilómetros de Cabo Cañaveral tras un vuelo de casi cinco horas. El destructor USS Noa fue el encargado del rescate y Glenn no pudo salir por la escotilla superior, a consecuencia de su alta temperatura, y debió hacerlo por una lateral.

Glenn se convirtió en un héroe nacional y fue recibido por el presidente Kennedy y se le agasajó con un desfile de las mismas dimensiones que el de Charles Lindbergh en las calles de Nueva York. John Glenn se convirtió en una figura icónica y la administración norteamericana decidió no exponerlo a un segundo viaje. Un discurso ofrecido por Glenn ante el Comité de Ciencia, Espacio y Tecnología del Congreso supuso un varapalo para las aspiraciones de las mujeres a ser protagonistas de la exploración espacial; consideró que el hecho de que las mujeres no estuvieran en este campo era parte del orden social del país. La NASA no las excluía por su sexo, sino por el hecho de que no había mujeres entre los pilotos de pruebas.

En 1964, John Glenn era el más veterano del grupo de astronautas y tendría casi 50 años si se cumplían los planes de Kennedy de enviar seres humanos a la Luna a final de la década. A finales de 1962, el fiscal general Bobby Kennedy le sugirió que se presentara al Senado por Ohio en 1964. Glenn, sabedor de que difícilmente iba a ser seleccionado para el programa Apolo, se retiró de la NASA el 16 de enero de 1964 y al día siguiente anunció su candidatura por el Partido Demócrata al Senado. Un accidente fortuito le provocó una lesión en el oído interno que impidió que pudiera hacer campaña. Los médicos consideraron que necesitaría al menos un año para recuperarse y ante esa tesitura, Glenn retiró su candidatura.

Se retiró del Cuerpo de Marines con el rango de coronel el 1 de enero de 1965 e inmediatamente recibió una oferta de la compañía de refrescos Royal Crown Cola ofreciéndole un puesto de vicepresidente de Desarrollo Corporativo, con presencia en la junta directiva, posteriormente fue nombrado presidente de Royal Crown International. Así se inició en el mundo de los negocios; años después compraría un hotel cercano a Disney World, asociado a un amigo (1973), y después construirían tres más.

De todas maneras, la tentación de la política se mantuvo en Glenn. Mantuvo una relación de amistad con Bobby Kennedy y su familia. De hecho, hizo campaña por Bobby para las presidenciales de 1968 y se encontraba en el mismo hotel que este cuando se enteró de que había ganado las primarias en el Congreso Demócrata de California. Iba a celebrarlo con él, pero a última hora se lo pensó considerando que habría una multitud; al rato le avisaron de que el senador había sido asesinado. Glenn y su esposa acompañaron a la familia al hospital y a la mañana siguiente se llevaron a los hijos del político asesinado a su casa en Virginia. John Glenn fue uno de los portadores del féretro durante el funeral.

Su carrera política fue desigual en sus comienzos, pero en 1970 consiguió ser elegido senador por Ohio. Se man-

UNITED
STATES

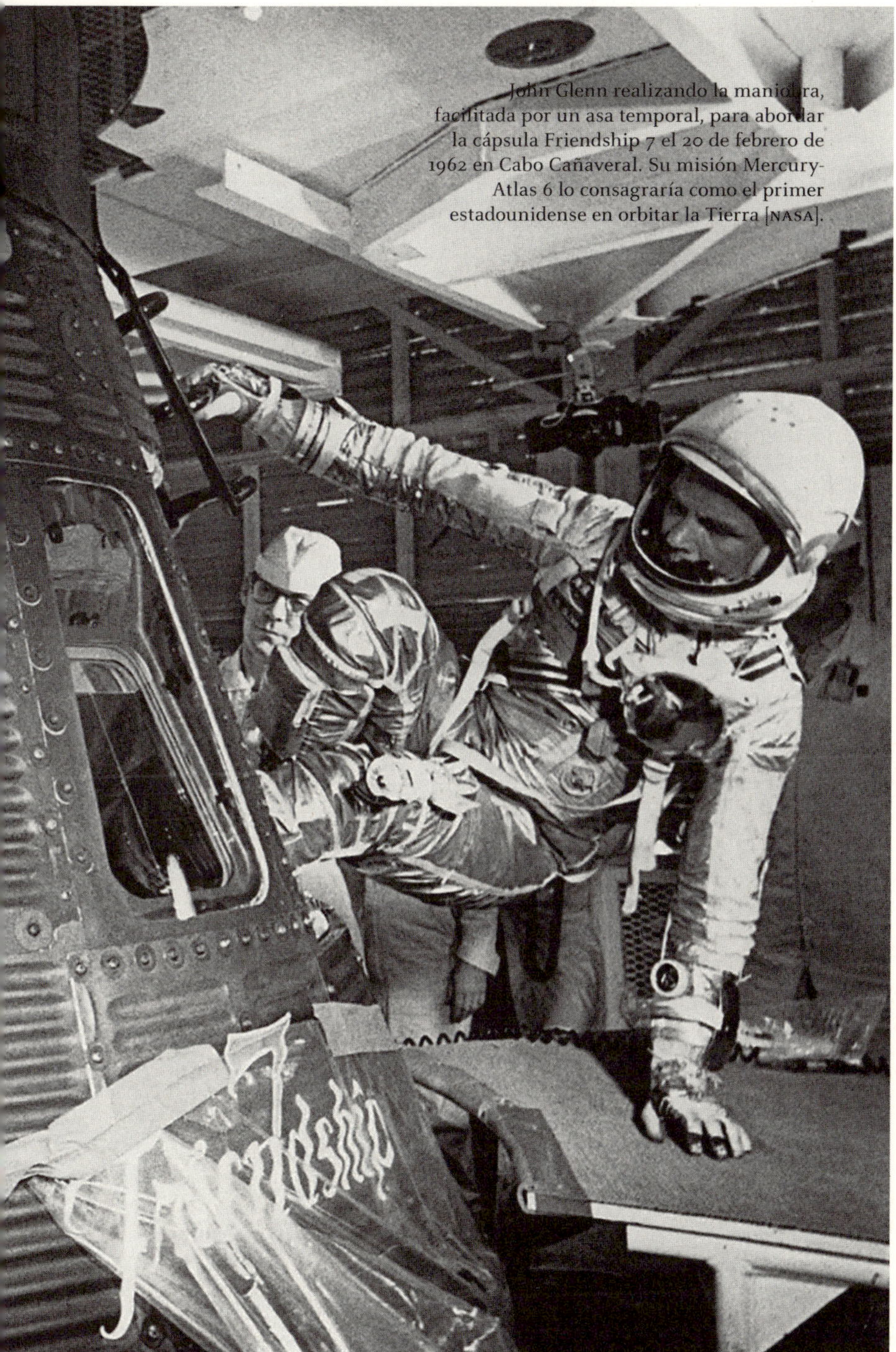

John Glenn realizando la maniobra, facilitada por un asa temporal, para abordar la cápsula Friendship 7 el 20 de febrero de 1962 en Cabo Cañaveral. Su misión Mercury-Atlas 6 lo consagraría como el primer estadounidense en orbitar la Tierra [NASA].

tendría en el escaño hasta 1999. Un hito fundamental en su carrera como político fue la campaña electoral de cara a las Elecciones Presidenciales de 1976. El candidato demócrata, Jimmy Carter, había decidido incluir a Glenn como candidato a la vicepresidencia, pero su discurso en la Convención Nacional no convenció a nadie y, finalmente, Carter decidió confiarse al veterano Walter Mondale. A todo esto, siempre corrió el rumor de que la esposa de Carter consideraba que la tartamudez de Annie Glenn, la esposa del astronauta, perjudicaría la campaña.

En 1995 y tras la lectura de un libro editado por médicos de la NASA y titulado *Espacio, fisiología y medicina*, llegó a la conclusión de que los cambios físicos que se operan en el cuerpo de los astronautas tras los vuelos espaciales, tales como la pérdida de masa ósea y muscular, y de plasma sanguíneo, son los mismos que derivan del envejecimiento. Glenn planteó que la NASA debía enviar a una persona mayor al espacio y se propuso a sí mismo; convenció al entonces administrador de la NASA de que si superaba las mismas pruebas físicas del resto de astronautas podría considerarlo. Glenn las superó con solvencia y el 16 de enero de 1998, la NASA anunció que el senador formaría parte de la tripulación del transbordador espacial, convirtiéndose a los 77 años en la persona de mayor edad en volar al espacio el 29 de octubre de 1998.

Tanto la NASA como el Instituto Nacional de la Vejez utilizaron la presencia de Glenn en el Discovery para multitud de estudios, aunque poco antes de la misión, los investigadores lo excluyeron de dos de ellos por razones médicas desconocidas. Su participación en esta misión fue criticada en algunos sectores por considerarla más bien un favor personal del presidente Bill Clinton. Más tarde, en una entrevista, Glenn manifestaría su disconformidad con el hecho de que la NASA no hubiera enviado más astronautas mayores al espacio y continuar con la investigación. Aún su disgusto fue a más cuando Dennis Tito viajó al espacio solo por turismo.

Glenn mantuvo su licencia de piloto privado hasta 2011, con 90 años. Fue hospitalizado en el James Cancer Hospital de la Universidad Estatal de Ohio, en Columbus a primeros de diciembre de 2016, falleciendo el 8 de diciembre. Honrado en vida por el presidente Obama, fue homenajeado también por el entonces presidente electo Donald Trump.

El piloto de pruebas de Dryden, Neil Armstrong, junto al avión experimental propulsado por cohete X-15 después de un vuelo de investigación [NASA].

NEIL ARMSTRONG, EL HOMBRE DE LA LUNA

Neil Armstrong, comandante de la misión Apolo 11 y primer hombre en pisar la superficie lunar, nació en Wapakoneta (Ohio) el 5 de agosto de 1930. Con ascendencia escocesa, irlandesa y alemana, tuvo otras dos hermanas. Su infancia estuvo marcada por el trabajo de su padre, funcionario del estado de Ohio, lo que provocó que cambiaran hasta veinte veces de localidad de domicilio. Su pasión por el vuelo despertó con tan solo cinco años, cuando acompañó a su padre en su vuelo a bordo de un Ford Trimotor.

La familia Armstrong vuelve definitivamente a Wapakoneta en 1944 y allí cursará estudios de secundaria al tiempo que recibe lecciones de pilotaje. Tras recibir su diploma acreditativo, realizará su primer vuelo en solitario en agosto de 1946. Fue un activo boy scout y a ello se deben los saludos que envió desde el Columbia a sus camaradas el 18 de julio de 1969. Con 17 años comenzó sus estudios de Ingeniería Aeronáutica en la Universidad Purdue, gracias a una beca del Plan Holloway.

Fue llamado a filas por la Armada el 16 de enero de 1949. Ingresó en la base aérea de Pensacola, para iniciar su formación como piloto. La formación como piloto naval la realizó a bordo de un avión del tipo North American T-6 Texan, en él también realizó su primer vuelo en solitario. Comparó el posterior primer aterrizaje en un portaaviones con su primer vuelo en solitario tres años antes. Se graduó como aviador naval el 23 de agosto de 1950. Dos meses después fue destinado al Escuadrón de Cazas 51, equipado con aviones a reacción.

En el plazo de tres meses volaría por vez primera en solitario en uno de estos aviones y meses después posaría uno de ellos en un portaaviones. El 29 de agosto de 1951 entraría por primera vez en combate en Corea. Durante un bombardeo su avión fue alcanzado y perdió parte de un ala, a pesar de eso consiguió volar a territorio amigo, eyectarse y salvar la vida, siendo recogido por tropas norteamericanas. Intervino en varias misiones arriesgadas y obtuvo las más altas condecoraciones hasta que en 1952 fue destinado a misiones de transporte. Ese mismo año dejó la Armada y pasó a la reserva, a la cual renunció en 1960.

Tras su periplo militar, Armstrong volvió a la Universidad Purdue, consiguiendo unas brillantes calificaciones y graduándose en 1955. Se casa con Janet Elizabeth Shearon el 28 de enero de 1958; de su matrimonio nacieron tres hijos: Eric, Karen y Mark. En junio de 1961 a Karen se le diagnosticó un tumor maligno en el tronco encefálico. Un tratamiento con rayos X detuvo su crecimiento, pero quebró su salud hasta el punto de no poder hablar ni caminar. El 28 de enero de 1962, Karen murió a consecuencia de una neumonía. Una tragedia que marcaría para siempre a la familia Armstrong.

Tras su graduación, Armstrong había decidido convertirse en piloto de pruebas. En 1956 sufrió un accidente del que salió indemne gracias a su gran pericia como piloto. Esa pericia le llevó a convertirse en uno de los ocho pilotos de élite del programa de investigación de planeadores Paresev de la NASA, de la que se convirtió en empleado en el momento de su fundación, el 1 de octubre de 1958.

Armstrong protagonizó algunos incidentes durante su estancia en la base Edwards que han sido recordados con frecuencia por sus colegas. El primero de ellos sucedió a bordo de un X-15, el 20 de abril de 1962, durante la prueba de un sistema de control de autoajuste. El avión «cohete» volaba a 63 kilómetros de altitud, la mayor alcanzada por ese aparato, pero el morro se elevó demasiado durante el descenso, rebotando en la atmósfera y volvió a ascender a unos 43 kilómetros. A esa altura la densidad del aire es tan baja que las formas aerodinámicas no tienen efecto alguno; el resultado fue que el avión se desvió 64 kilómetros de la pista de aterrizaje, alcanzando una velocidad de mach-3 (3200 km por hora).

Cuatro días más tarde, a los mandos de un Lockheed T-33, y acompañado del general Chuck Yeager, se encontraba en misión de evaluación de un lago seco como pista de aterrizaje de emergencias para los X-15. Contraviniendo el consejo de Yeager, Armstrong intentó el aterrizaje y el resultado fue que se quedaron atrapados en el barro del fondo del antiguo lago y tuvieron que ser rescatados. Al ser preguntado, Armstrong dijo que el general no le había indicado en ningún momento que no debía intentar el aterrizaje.

Muchos de los pilotos de la base Edwards elogiaron las habilidades de Neil Armstrong como ingeniero. Milt Thompson dijo «que era el más capaz técnicamente de los pilotos del X-15» y Bill Dana llegó a afirmar que «Armstrong tenía un cerebro que absorbía cosas como una esponja». Hasta aquí su historia como piloto de pruebas, pero la etapa de su vida que más nos interesa es la que lo conecta con el Apolo 11.

Es la etapa de su vida de la que más se ha escrito y la que más nos permite acercarnos a su auténtico carácter. En 1958, Armstrong ya había sido seleccionado para el programa de la Fuerza Aérea que pretendía llevar a un hombre al espacio, pero la agencia ARPA canceló su financiación. A finales de año, ese programa sería sustituido por el Programa Mercury, un programa civil puesto en marcha por la NASA. Al ser civil, Armstrong no podía ser uno de los pilotos de pruebas elegidos porque el programa lo reservaba a los pilotos militares.

Sin embargo, dos años después fue elegido como uno de los pilotos asesores de la nave espacial militar Boeing X-20 y el 15 de marzo de 1962 siguiente sería seleccionado como uno de los siete pilotos ingenieros que podrían volar al espacio cuando este vehículo fuera realidad. Un mes más tarde, la Agencia anunciaba la selección de nuevos astronautas para un nuevo programa, el Gémini, abierta a pilotos civiles.

Neil Armstrong camina junto a un vehículo de investigación para el alunizaje (LLRV), también conocido como *flying bedstead*, en la Base de la Fuerza Aérea Edwards, California, el 1 de agosto de 1964. El LLRV se utilizaba para entrenar a los astronautas para los alunizajes [Ralph Morse/NASA].

Armstrong pudo cometer el error de su vida, ya que presentó su solicitud fuera de plazo, pero Dick Day (compañero suyo en la base Edwards) la metió junto a las demás sin que nadie lo advirtiera. Tras someterse a un exhaustivo reconocimiento médico, el jefe de la Oficina de Astronautas de la NASA (Deke Slayton) telefoneó a Armstrong el 13 de septiembre para preguntarle si estaría interesado en unirse al cuerpo de astronautas de la Agencia y este no se lo pensó. Armstrong se convertía en el primer astronauta civil de la NASA.

El 8 de marzo de 1966, Neil Armstrong se convirtió en el primer astronauta civil en viajar al espacio a bordo de la Gémini 8. El final de la misión fue accidentado y Walter Cunningham, de la Oficina de Astronautas, declaró públicamente que Armstrong y su compañero Scott habían ignorado los procedimientos de avería en el incidente, y los consideró responsables del fallido amerizaje de la misión. La intervención de Gene Kranz, director de vuelo del programa Gémini, quien declaró que «la tripulación reaccionó de acuerdo a su entrenamiento, y lo hicieron mal porque no los entrenamos bien», salvó el honor de los dos astronautas. Finalmente, tanto Armstrong como Scott fueron condecorados.

El día 27 de enero de 1967 se produce la tragedia del Apolo 1. Durante una prueba en la plataforma de lanzamiento, una falla ocasionó un incendio en la cápsula de los astronautas, ocupada por Gus Grissom, Edward White y Roger Chaffee. Los tres fallecieron carbonizados. La conmoción fue brutal. Armstrong se encontraba, junto a otros astronautas, de viaje protocolario en Washington. El impacto que provocó la tragedia entre los astronautas de la NASA fue terrible.

El 5 de abril, Deke Slayton reunió a los 18 astronautas supervivientes del grupo y les informó de que entre ellos estaban los tripulantes de las próximas misiones lunares. Slayton nombró a Armstrong miembro de la tripulación de reserva de la futura Apolo 9. Sus compañeros iban a ser Jim Lowell (posterior comandante de la Apolo 13) y Buzz Aldrin. Después de varios retrasos provocados por el Módulo Lunar, hubo un intercambio de tripulaciones entre las misiones Apolo 8 y Apolo 9. Siguiendo el esquema de rotación, Armstrong comandaría la Apolo 11.

Michael Collins, tripulante de la Apolo 8, sufrió un problema que requirió intervención quirúrgica y motivó el cambio con Jim Lowell. Cuando Collins se recuperó se unió a la tripulación de Armstrong. Él sería el comandante, Aldrin piloto del Módulo Lunar y Collins piloto del Módulo de Mando. Slayton le ofreció cambiar a Aldrin por Lovell, pero Armstrong se lo pensó detenidamente y consideró que tener a Lovell, que había comandado la Gémini 12, en un puesto considerado inferior como el destinado a Aldrin, habría supuesto una afrenta y apostó por este. Un incidente a bordo de un vehículo simulador del Módulo Lunar pudo costarle la vida a Armstrong poco antes de su épica hazaña.

Mucho se ha escrito sobre la decisión de que Armstrong fuera el primer hombre en pasear por la superficie lunar. Hasta ese momento, el comandante de la misión no debería haber sido el primero en salir del módulo, pero Slayton y el resto de responsables de la NASA decidieron que sería Armstrong. Esta decisión no gustó a Aldrin, a quien por una norma de protocolo no escrita le hubiera correspondido ese honor. Más adelante hablaremos de este asunto cuando nos acerquemos a la figura de Aldrin.

Reg Turnill, histórico corresponsal de la BBC para asuntos espaciales, calificó a Armstrong como arrogante y taciturno. El gran escritor norteamericano Norman Mailer, para quien Armstrong actuó como cicerone en su visita a Cabo Cañaveral, escribió después un libro titulado *Un fuego en la Luna* donde se acerca a la figura de Armstrong. El escritor apreció en él algo místico, «hablaba con largas pausas, buscando mucho las palabras», decía Mailer.

Mailer también describió el comportamiento en público del astronauta como «pueblerino»; de alguna manera el escritor considera que Armstrong ofrecía una imagen suya al mundo que se correspondía con lo que se pretendía: un

Portada de la edición especial de la revista *LIFE, Neil Armstrong: First Man on The Moon: His Life and Legacy* (publicada el 12 de octubre de 2018), relata la vida y el legado del primer hombre en pisar la Luna.

héroe del pueblo. Esa impresión de Mailer parece confirmarse por otras personas que conocen al astronauta. Su compañero Michael Collins manifestaba que «Neil nunca admite la sorpresa». El ingeniero germano-americano Günter Wendt, otro de los artífices del programa de vuelos tripulados de la NASA, lo consideraba poco convencional y con dificultad para hacer amigos.

Sobre su carácter también se pronunció el propio Gene Kranz: «Neil por norma general sonreía o afirmaba y pensé que había establecido sus propias normas para la misión... Yo solo quería saber cuáles eran esas normas». Kranz nunca llegó a conocerlas, pero reconoció tener sospechas de que, si había una mínima opción de posarse en la Luna, el comandante lo haría, independientemente de lo que planteara el control de la misión.

Otra constante de Armstrong fue su agresividad ante los medios de comunicación. El mencionado periodista Reg Turnill sugiere que conocer la existencia de un contrato negociado con la revista *Life*, por el que se otorgaban a esta los derechos exclusivos sobre las historias personales de los astronautas a cambio de una cantidad anual, había acentuado la hostilidad de Armstrong contra los medios. La ideología ultraconservadora del dueño de la publicación hizo que esos artículos presentaran a las familias como el prototipo de la familia americana.

El propio ego de los astronautas chocó con esa imagen estereotipada que la revista ofrecía de ellos y de sus familias. Turnill considera a Armstrong un gran piloto, pero lo suponía vanidoso e inseguro, de ahí sus problemas con la prensa.

El 16 de julio de 1969, a las 9.32 horas locales, despegó desde el Centro Espacial John F. Kennedy, en Cabo Cañaveral (Florida), un cohete Saturno 5 lanzaba al espacio a la Apolo 11. La familia Armstrong observaba el lanzamiento desde un yate amarrado en un lugar cercano. El corazón del astronauta se aceleró hasta las 110 pulsaciones por minuto. Armstrong comentaría después que la maniobra le había parecido especialmente ruidosa, pero que no había sufrido la cinetosis que le acompañaba desde niño.

El objetivo del Apolo 11 era posarse de forma segura sobre la Luna, pero no se había establecido un lugar fijo. A los pocos minutos de iniciar el descenso a bordo del Módulo Lunar Eagle, Armstrong fue consciente de que iban demasiado deprisa y que iban a alunizar varios kilómetros más allá del punto convenido. Durante la maniobra de descenso, el ordenador de a bordo mostró varias alarmas de fallo, a las que el control de la misión en Houston no otorgó demasiado valor.

En uno de sus libros, Aldrin critica que Armstrong dejara encendido el radar durante el alunizaje, provocando fallos en el ordenador. Armstrong volvió a tomar una decisión sin consultar cuando, considerando que el lugar al que descendían no era seguro, decidió tomar el control manual. A las 20.17, hora universal, el Eagle se posó sobre la Luna. Lo cierto es que el lugar de alunizaje fue completamente seguro y la estimación de combustible que hizo Armstrong fue extraordinariamente precisa.

Estaba previsto que los astronautas descansaran antes de «pasear» sobre la superficie lunar. Armstrong solicitó a control de vuelo en Houston adelantar el «paseo» a primera hora de la tarde, hora texana. A las 2.56 (hora universal) del 21 de julio, Armstrong posó su pie izquierdo sobre la superficie lunar, pronunciando su célebre frase: «Es un pequeño paso para el hombre, pero un gran salto para la Humanidad». Mucho se ha especulado sobre esas palabras, para unos, se trata de la obra de un periodista contratado por la NASA, para otros son originales de Armstrong.

Otra anécdota recurrente es la de la bandera norteamericana que plantaron los astronautas en la superficie lunar. Dado que el viento no existe en la Luna, los ingenieros incorporaron una barra horizontal metálica a la tela con la intención de que siempre apareciera desplegada. Desafortunadamente, la bandera fue plegada de forma no muy ortodoxa y durante la travesía la barra horizontal quedó curvada, por lo que en muchos momentos la sensación desde Tierra era que se movía al viento y no podía apreciarse con toda la nitidez que la NASA hubiera querido.

Tras el paseo lunar, de unas dos horas y media y acortado sensiblemente sobre lo previsto ante la falta de seguridad sobre el comportamiento de los trajes espaciales ante la temperatura del satélite, Aldrin y Armstrong regresaron al Módulo Lunar, cerraron la escotilla y la sellaron. Un incidente inesperado pudo provocar la tragedia: los voluminosos trajes espaciales habían roto el botón de ignición para el motor de ascenso. Recurrieron a un bolígrafo para activar la secuencia de despegue. El módulo despegó y se acopló con el Módulo de Mando (Columbia), en el que esperaba Collins.

Amerizaron en el océano Pacífico el 24 de julio, donde fueron recogidos por el portaaviones USS Hornet. Allí pasaron una cuarentena de 18 días, durante la cual recibieron la visita del entonces presidente Nixon. Una vez superada la cuarentena, y ya universalmente famosos, emprendieron una gira por el mundo donde fueron aclamados como héroes. Armstrong no fue capaz de gestionar esa fama; su hazaña fue asaltada por trivialidades y el morbo.

Reg Turnill asegura que era casi imposible hablar con él; le molestaba que se le hiciesen preguntas. Las crónicas de la época hablan de productores de cine, de propuestas de patrocinio de no pocas empresas, algunas de las cuales aceptó. Se proyectó un museo en su localidad natal en Ohio, recibía miles de cartas y no paraban de emparejarlo con estrellas de Hollywood. Podía haberse dedicado a cobrar sin ninguna contraprestación, pero, en lugar de eso, decidió aceptar un puesto de despacho en la NASA, renunciando para siempre a volver al espacio.

Después de un año renunció a este puesto y decidió aceptar un puesto de profesor de Ingeniería Aeroespacial en la Universidad de Cincinnati. Allí se mantuvo hasta 1979, cuando dio el salto a los negocios. Un número importante de corporaciones vieron en él un perfil adecuado y un talento

En Central Park, Nueva York, diez mil espectadores compartieron la trascendental experiencia de ver a Neil Armstrong dar los primeros pasos humanos en la Luna, un momento de unidad global el 20 de julio de 1969 [NASA].

especial para manejarse en las juntas directivas. Dictaba una conferencia al año y nunca volvió a conceder una entrevista. La periodista de la revista *Life* Dora Jane Hamblin observó en él una «furia silenciosa» pero considera que supo mostrarse reservado con aquellos que él creía pensaban en explotarlo.

Coincidiendo con el 25 aniversario de la llegada del hombre a la Luna, *The New York Times* publicó: «En el área rural de Ohio, Armstrong vive tranquilo en su propia cara oculta de la Luna». Prácticamente nadie supo de su divorcio y tampoco de una posible nueva boda. Sus vecinos de Wapakoneta se molestaron por su ausencia durante los días en que se celebró allí el 25 aniversario de su hazaña. Aun así, sus amigos y familiares defienden su «simpatía» y su «cercanía».

William Anders, astronauta del Apolo 8, durante una reunión de antiguos astronautas dice sobre Armstrong: «Ha sido acusado de ser un recluso, pero simplemente creo que se ha dado cuenta de que todo esto tiene poco recorrido, que puedes evitártelo, simplemente porque estuvieses en la Luna no significa que seas experto en todo. Si se aprovechase de su fama, se podría esperar unos cuantos autógrafos como quid pro quo, pero no lo hace. Tiene que lidiar con cosas que van más allá de lo razonable».

Incluso su elección para ser el primero en pisar la Luna fue un accidente. El favorito de Deke Slayton era su amigo Gus Grissom, fallecido en el incendio del Apolo 1. Tras la muerte de Grissom, el preferido era Wally Schirra, pero su actitud irritante al mando del Apolo 7, lo dejó fuera. En opinión de Michael Collins, el elegido debió ser Ed White, también fallecido durante la tragedia del Apolo 1. Con respecto a Armstrong, Collins reflexiona: «Es interesante resaltar que Neil Armstrong fue el último de su grupo en volar. ¿Estaban dejando al mejor para el final, o fue su selección como el primer ser humano en caminar sobre otro cuerpo celeste, una casualidad?».

La historia parece demostrar que fue más fruto de una casualidad que otra cosa. Si el módulo lunar de Thomas

Stafford, del Apolo 10, hubiese estado listo para el alunizaje, o si la tripulación de Stafford hubiera estado en disposición de cambiar de módulo lunar por el del Apolo 11 (más ligero), hubiera sido este el primero en caminar sobre la Luna.

En 1970, tras la explosión que dio al traste con el alunizaje del Apolo 13, Armstrong fue invitado a formar parte de la comisión de investigación que presidió Edgar Cortright y aportó una detallada cronología del vuelo. Como conclusión de los trabajos, Cortright recomendó un rediseño de los tanques de oxígeno, por un valor de unos 40 millones de dólares. A pesar de la oposición de Armstrong, los tanques acabaron por rediseñarse.

El presidente Ronald Reagan lo designó miembro de la Comisión Rogers, encargada de investigar la tragedia del transbordador espacial Challenger. En ella habían muerto siete astronautas. Armstrong fue nombrado vicepresidente de la Comisión y mantuvo entrevistas con antiguos contactos de su etapa en la NASA para intentar determinar las causas del accidente. Desde su posición intentó que las resoluciones de la comisión fueran las mínimas para intentar de esta manera que la NASA las cumpliera.

El mundo de los negocios no fue un camino de rosas para Armstrong. En mayo de 2005 se vio envuelto en una inusual disputa legal con el que había sido su peluquero durante muchos años, Mark Sizemore. El peluquero había vendido pelo del astronauta a un coleccionista de recuerdos por valor de 3000 dólares, sin contar con autorización de Armstrong. Este amenazó con acciones legales si no devolvía el pelo o entregaba el dinero a alguna entidad benéfica. Incapaz de recuperar el pelo vendido, decidió reintegrar el dinero a una entidad benéfica.

El 7 de agosto de 2012, Neil Armstrong fue sometido a una cirugía de bypass en un hospital de Cincinnati. Inicialmente pareció recuperarse, pero surgieron complicaciones durante la convalecencia y finalmente falleció el 25 de agosto. La Casa Blanca emitió un comunicado en el que afirmaba que

Armstrong estaba «entre los más grandes héroes estadounidenses, no solo de su tiempo, sino de todos los tiempos».

Su compañero en el Apolo 11, Buzz Aldrin, dijo «Sé que hay cientos de millones de personas como yo, llorando a un verdadero héroe estadounidense y al mejor piloto que he conocido. Tenía la esperanza de que el día 20 de julio de 2019 estuviéramos juntos para celebrar el 50 aniversario de nuestro alunizaje. Lamentablemente, no será así». El reconocimiento a su legado continúa en nuestros días.

BUZZ ALDRIN, EL ASTRONAUTA QUE PUDO REINAR

Se ha hablado en infinidad de ocasiones de Neil Armstrong, de su pericia como piloto en momentos cruciales de la misión que lo llevó a la Luna y lo convirtió en un héroe atemporal, pero pocas veces se ha hablado del hombre que pudo ocupar su lugar. Un astronauta que tuvo que luchar contra su padre, contra la enfermedad y contra el alcohol: Edwin Eugene Aldrin, conocido como Buzz Aldrin.

Nacido en mitad de la Gran Depresión, el 30 de enero de 1930, la familia le llamaba Hermano y su hermana Fay Ann lo pronunciaba como algo parecido a Buzzer, que acabó transformado en Buzz. Hijo de familia acaudalada. Su padre era un acaudalado petrolero, coronel cuando la guerra, austero y distante. Aldrin reconoce que la mayor influencia que tuvo durante su infancia fue la de una doncella negra, que le hizo conocer la tolerancia.

No destacó académicamente durante su niñez, pero la presión paterna le obligó a esforzarse y, finalmente, pudo conseguir el acceso a la prestigiosa Academia Militar de West Point. Héroe de la guerra de Corea, donde derribó dos aviones MiG-15 rusos. A su vuelta completó un doctorado en Acoplamientos Tripulados en el espacio en el Instituto Tecnológico de Massachusetts y se unió al tercer grupo de astronautas de la NASA.

San Antonio, Texas. El coronel Edwin E. ,Buzz, Aldrin, Jr., piloto del módulo lunar en la misión Apollo 11 (16–24 de julio de 1969). Aldrin fue el segundo ser humano en pisar la superficie lunar, pocos minutos después de Neil Armstrong, durante el histórico alunizaje del 20 de julio de 1969 [U.S. Air Force].

A pesar de su hoja de servicio a comienzos de 1966, Aldrin era uno de los siete astronautas del total de 27 miembros activos del grupo que aún no había sido asignado a ninguna misión del programa Gémini. Sus esperanzas de volar en el Apolo eran muy remotas. Intentó presentar su caso ante Deke Slayton, en aquel tiempo responsable de la selección de astronautas, al sentirse discriminado. En lugar de comprensión encontró un nuevo obstáculo.

Una desgracia vino a favorecerle. Charles Basset, otro de los astronautas que ya contaba con plaza en una de las misiones, era vecino de Aldrin y entre ellos había surgido una relación de amistad. Las dos familias compartían muchos momentos. Una mañana de febrero, Basset y otro miembro del grupo, Elliott See, despegaron hacia Saint-Louis en un reactor de prácticas. Ambos tenían plaza como tripulantes en la misión Gémini 9 y tenían intención de visitar la cápsula espacial durante su ensamblaje. El mal tiempo provocó que se estrellaran durante la maniobra de aterrizaje.

Como consecuencia de la reasignación de plazas, Aldrin quedó adscrito a la tripulación del Gémini 12. Tras el fracaso, que casi acaba en tragedia, de Gene Cernan y Dick Gordon, Aldrin se empeñó en demostrar que era posible trabajar en el espacio, no solo flotar. Dirigió un profundo análisis de los problemas que se habían presentado en aquella intentona y diseñó herramientas y técnicas que harían más fácil trabajar en el espacio. A partir de este momento sería motejado con el nombre de Doctor Acoplamiento.

Fue nombrado miembro de reserva de la tripulación del Apolo 8, lo que de facto suponía su titularidad en la tripulación del Apolo 11. Esta misión tenía por objeto posar a un hombre sobre la superficie lunar y se convertiría en una obsesión para Aldrin. En estos momentos aún no se planteaba la posibilidad de convertirse en el primer hombre en pisar la superficie de nuestro satélite hasta que un día Slayton llamó a la tripulación del Apolo 11 a su despacho y lo señaló diciéndole: «Eres tú».

Buzz Aldrin, *Return to Earth* (Random House, Nueva York, 1973). Primera edición. Publicado cuatro años después del histórico alunizaje del Apollo 11, *Return to Earth* es el testimonio íntimo de Buzz Aldrin, segundo ser humano en pisar la Luna. Más allá de la hazaña técnica y científica, el libro narra su experiencia como astronauta y las profundas secuelas personales y emocionales que enfrentó al regresar a la Tierra. Con formación en ingeniería, veterano de la guerra de Corea y doctor en astronáutica por el MIT, Aldrin relata con franqueza tanto los logros como las dificultades que siguieron a uno de los momentos más emblemáticos de la historia de la humanidad. [ABE Books].

A su mujer no le dijo nada por teléfono y esperó a que le recogiera más tarde en una furgoneta llena de ropa sucia. El propio Aldrin comentó que pasó el fin de semana anterior al del lanzamiento de la misión desmontando y volviendo a montar un lavavajillas. La campaña furtiva en la que se embarcó para ser el primer hombre en la Luna le costó la animadversión eterna de algunos de sus compañeros astronautas.

Hasta la misión Apolo 11, los comandantes habían mantenido la tradición de mantenerse en su nave mientras el resto de tripulantes salía. Las primeras listas de comprobación confirman que Aldrin debería haber sido el primero en salir del módulo lunar, pero no fue así. Algunas voces cualificadas, como el también astronauta Michael Collins, considera que Armstrong ejerció como comandante para cambiar el plan inicial. El que fuera gerente de la NASA, Chris Kraft, afirma que en una reunión a la que asistieron él mismo, Deke Slayton y su adjunto, George Low, consideraron que Armstrong estaba mejor preparado para manejar la fama al regreso, aunque confiese que no tenían ni la menor idea de las proporciones de la misma.

Tanto Aldrin como su padre emprendieron una cruzada contra la designación de Armstrong considerando que se le privilegiaba por su condición de civil, en una época en la que el ejército norteamericano iba de debacle en debacle en Vietnam. Incluso Buzz llegó a manifestar a su comandante lo injusto de la decisión. De la mala relación que se generó entre los dos habla por sí solo el hecho de que no existan fotografías de Armstrong sobre la superficie lunar, y la única imagen del comandante sea la de un reflejo en el visor de Aldrin. Armstrong llegó a llamar a su subordinado para que le hiciera una foto y este le respondió que estaba demasiado ocupado.

En 1973, Aldrin escribiría un atrevido libro titulado *Retorno a la Tierra* en la que se despachaba a gusto con la NASA y con algunos compañeros. Algunas de las revelaciones más sabrosas fueron: (1) Los preservativos que habían usado para recoger la orina fueron motivo de angustia porque las piernas no eran lo único que se atrofiaba en el espacio; (2) se usaban burbujas de hidrógeno con agua para beber, que rehidrataban la comida pero tenían como efecto flatulencias y ventosidades, de forma que el interior de la cápsula no olía demasiado bien; (3) los miembros de la tripulación, incluido él mismo, no habían podido resistirse a los encantos de las admiradoras y habían mantenido relaciones; (4) sus compañeros astronautas habían utilizado su estatus y fama para hacer suculentos negocios; (5) la famosa frase de Armstrong «Un pequeño paso...» había sido escrita por un periodista.

También en el libro, se relata la experiencia del trío de astronautas que conformó la tripulación de Apolo 11, justo tras su retorno a la Tierra, en el interior de la unidad de cuarentena del USS Hornet (el barco que los recogió del mar). Los tres se aprestan a escuchar el discurso que va a dedicarles el presidente Nixon y se ponen en pie al escuchar el himno nacional norteamericano sin saber cuál de ellos mostraría la entrepierna al mundo.

En tono más jocoso, recuerda Aldrin que las primeras palabras a su mujer tras el regreso fueron una petición: quería que le llevara slips (calzoncillos) en lugar de los boxers que les había proporcionado la NASA. Y en un tono más serio, Aldrin recuerda la gira internacional que protagonizaron y que él asocia indefectiblemente al alcohol. Recuerda los celos de su mujer tras una fiesta organizada en Roma, en su honor, por la exuberante actriz italiana Gina Lollobrigida.

Aldrin relata cómo fueron utilizados, ellos y sus mujeres, en una interminable gira diplomática por todo el mundo, en la que tuvieron la oportunidad de conocer a la reina Isabel II de Inglaterra, al Sha de Irán, y a otras grandes personalidades. Su compañero Michael Collins narra que Aldrin experimentó un cambio tras su hazaña y se encerró cada vez más en sí mismo. La Fuerza Aérea lo nombró comandante de la Escuela Aeroespacial de Edwards y abandona a su mujer por

Marianne, con la que había mantenido una relación durante años. Tampoco este cambio de vida le sacó de su abatimiento.

Las pésimas relaciones que mantuvo en Edwards con el general White, su superior en la base, y su responsabilidad en dos colisiones causadas por una revisión insuficiente, que no provocaron víctimas, pero sí la destrucción de los aparatos involucrados. El 1 de marzo de 1972 dejó el ejército con el grado de coronel, tras más de veinte años en activo y coincidiendo con el final del programa de entrenamiento de astronautas y el del programa Apolo.

En el libro *Retorno a la Tierra*, Aldrin relata cómo decide recibir tratamiento en un centro psiquiátrico, arruinando de esta manera su futuro en el espacio y en la fuerza aérea. Tenía cuarenta y dos años y no sabía qué hacer con su vida: trabajó en un diseño innovador de transbordador espacial que fue abandonado, fracasó como director de una compañía de seguros y se dedicó a criticar los negocios de sus compañeros astronautas. Nadie quería saber nada de él.

En 1974 se divorcia de su primera esposa, Joan. Volverá a casarse en 1975, pero su segundo matrimonio apenas duró tres años. Los setenta fueron una época de rebeldía y alcohol para Aldrin. La Universidad le proporcionó una fase de estabilidad y de madurez largamente buscada. En 1985 la Universidad de Dakota del Norte lo invitó a dar clases en la Facultad de Ciencias Aeroespaciales, donde contribuyó de forma notable al desarrollo de los estudios espaciales.

El mismo año de su ingreso como profesor de la Universidad propuso una trayectoria orbital denominada ciclador de Aldrin con la intención de ofrecer viajes turísticos a Marte. A finales de la década de los ochenta, se casa por tercera vez y comienza la distribución de su segundo libro, *Men from Earth*. En este nos ofrece su análisis sobre la carrera espacial entre norteamericanos y soviéticos.

Muy activo en estos años, en 1993 registró una patente con el diseño de estaciones espaciales. A mediados de 1994 publica un artículo titulado «¿Por qué yo paseé por la Luna?»,

UNITED STATES

NASA
ALDRIN

donde reflexiona sobre los acontecimientos que dieron lugar al Apolo 11. En 1995 funda Starcraft Boosters Incorporation, con el objeto de diseñar y producir lanzadores de cohetes reutilizables. Al año siguiente tiene lugar su incursión en el género de la ciencia ficción, al publicar *Encuentro con Tiber.* Al final de la década funda ShareSpace Foundation con la finalidad de recaudar fondos para promover los viajes espaciales.

En 2003 publicaría un artículo en *The New York Times* en el que se muestra crítico con los objetivos de la NASA, a la que considera más obsesionada con repetir pasados éxitos que con alcanzar nuevos logros. Diez años más tarde volvería a escribir en el mismo rotativo para apoyar un hipotético viaje tripulado a Marte. De hecho, ese mismo año presentó a la NASA un proyecto desarrollado conjuntamente con el Instituto de Tecnología de Florida en el que sugiere un período de diez años de operaciones espaciales con la intención de establecer la primera colonia en Marte antes de 2040.

En 2004, fue invitado por la Casa Blanca a un acto conmemorativo del 35 Aniversario de su hazaña. Con motivo del 40 Aniversario, Aldrin colaboró en la producción de un rap titulado *Rocket Experience,* en el que participó Quincy Jones, y en el correspondiente video musical. Las ganancias se destinaron a su fundación, ShareSpace. Su carrera literaria ha sido muy prolífica a partir de entonces, abarcando desde autobiografías, ciencia ficción, a desarrollo personal. En 2013, y a pesar de su avanzada edad, se embarcó en una visita turística a la base Amundsen-Scott, en la Antártida, convirtiéndose en el visitante más longevo en visitar el Polo Sur; ya había visitado el Polo Norte.

La vida de Aldrin ha estado marcada por la inestabilidad matrimonial, la depresión y el alcoholismo. Simpatizante del Partido Republicano, para el que ha recaudado fondos, fue invitado por Donald Trump al Discurso sobre el Estado de la Unión de 2019.

LAS PIONERAS DEL ESPACIO: VALENTINA TERESHKOVA Y SVETLANA SAVITSKAYA

En 1963 dos hombres habían visitado el espacio exterior: por un lado, Yuri Gagarin, por otro, Alan Shepard. El programa Vostok había puesto a la Unión Soviética muy por delante de su competidor norteamericano, pero estos comenzaban a invertir ingentes cantidades de dinero en su programa espacial. El presidente Kennedy había marcado el objetivo de posar a un hombre sobre la Luna a finales de la década, y su sucesor, Lyndon Johnson, recogería el guante tras su asesinato.

Nikita Jrushchov, premier soviético, y Serguéi Koroliov, ingeniero jefe de su programa espacial, decidieron subir la apuesta: una mujer volaría al espacio. Hasta ese momento todos los aspirantes a astronauta habían sido hombres. La mujer seguía siendo considerada como un ser con menos aptitudes que el hombre, y los líderes soviéticos ansiaban demostrar que el sistema socialista era igualitario, aunque también en la URSS el número de ellas en puestos de responsabilidad era mínimo.

Tenían que ser paracaidistas, tener menos de 30 años, pesar no más de 70 kilos, medir menos de 1,70 m de altura y ser solteras. Cuatrocientas candidatas se presentaron al proceso de selección. Solo cinco fueron elegidas y entre ellas una joven de apenas 26 años que respondía al nombre de Valentina Tereshkova. Había nacido en 1937, en la aldea de

El 16 de junio de 1963, Valentina Tereshkova se convirtió en la primera mujer en volar al espacio a bordo de la nave Vostok 6. Obrera textil, paracaidista aficionada y seleccionada entre más de 400 candidatas, su misión de casi tres días en órbita marcó un hito en la historia espacial y en la lucha por la igualdad de género. Su hazaña consolidó el liderazgo soviético en la carrera espacial y la convirtió en un icono internacional [San Diego Air and Space Museum].

Bolshoye Masiennikovo (Rusia Central). Sus padres habían emigrado desde Bielorrusia. Él, tractorista, era héroe de guerra y falleció en la misma cuando Valentina contaba 2 años. Su madre trabajaba en una planta textil. El hecho de que su padre fuera un héroe de guerra tuvo una influencia enorme en su posterior selección.

No ingresó en la escuela hasta los 8 años y abandonó sus estudios para ayudar a su familia en la misma planta en la que trabajaba su madre, aunque continuó sus estudios por correspondencia. A los dieciséis años se interesó por el paracaidismo e ingresó en el Aeroclub local, algo que sería fundamental para su futuro como cosmonauta. A los 22 años ya había hecho su primer salto, trabajando aún en la planta textil.

El entrenamiento al que fueron sometidas las candidatas incluía vuelos de ingravidez, pruebas de aislamiento, simulaciones en la centrifugadora, formación de piloto en aviones de combate, teoría de cohetes y, no menos importante, 120 saltos en paracaídas. En noviembre de 1962 debieron superar un examen final, tras el cual las otras cuatro candidatas fueron nombradas subtenientes de la Fuerza Aérea Soviética (Valentina era civil). A partir de este momento se trabaja para que dos mujeres vuelen al espacio en días consecutivos de los meses de marzo o abril de 1963. En un principio se había barajado que Tereshkova volara al espacio en la Vostok 5, mientras que Ponomaryova (la otra candidata) volara después en la Vostok 6. Hubo un cambio de planes y, finalmente, el cosmonauta Valeri Bykovski voló en solitario en la Vostok 5 y pospuso a junio el vuelo de la Vostok 6, que sería tripulada por Bykovski y una de las cosmonautas. Finalmente, la Comisión Estatal de Espacio nombró a Tereshkova para pilotar Vostok 6, contando con el total apoyo de Kruschev.

Tras el lanzamiento de la Vostok 5, Tereshkova comenzó los preparativos de su propio vuelo. En la mañana de la misión, Tereshkova y su suplente, Solovyova, fueron vestidas con sus trajes espaciales y llevadas a la plataforma de lanzamiento en autobús.

A las 9.29, hora local de Moscú, del día 16 de junio fue lanzada al espacio la Vostok 6, con una única tripulante: Valentina Tereshkova. Retornó a la Tierra tres días después con más de 70 horas de vuelo y 48 vueltas al planeta. Durante los tres días que estuvo en el espacio, Tereshkova cumplió a la perfección las tareas que le habían sido confiadas, a pesar de las náuseas. Se comunicó con la Vostok 5, que había sido lanzada días antes e incluso mantuvo una breve charla con Nikita Jrushchov.

Pocos imaginaban que la programación de la nave tenía un error de 90 grados que la lanzaría directa al espacio profundo. Sola allí arriba, Valentina fue consciente de que si comenzaba la maniobra de reentrada en la Tierra la cápsula nunca volvería a casa. De por sí, afrontar una muerte por hambre en el espacio debe ser terrible, pero quizás lo peor que tuvo que afrontar la cosmonauta fue convencer a los técnicos de vuelo de que había un error en sus cálculos. Aquel era un mundo de hombres, el sentimiento de desesperación que debió vivir Tereshkova debió ser brutal.

In extremis, pudo convencerlos y ella misma redirigió la nave hacia la atmósfera terrestre. Un fallo del sistema que no pudo resolver provocó que el control de Tierra asumiera el aterrizaje. Finalmente, Valentina abandonó la cápsula a unos 2000 metros de altura, y descendió en paracaídas sobre Karaganda, en Kazajistán. Se había convertido en una heroína y llegó el aluvión de reconocimientos. Cuando se le preguntó qué quería como recompensa pidió que el gobierno soviético localizara el lugar donde había muerto su padre en combate. Allí se levantaría un monumento en su honor.

En 2007 fue desclasificado un dossier con toda la información sobre el vuelo. Entre otros documentos, se desclasificó un informe de Nikola Kamanin, comandante en jefe de los cosmonautas, en el que acusaba a Tereshkova de estar en muy malas condiciones físicas, de no cumplir con los objetivos y de estar al borde de la histeria. Meses después del vuelo se casó con el también cosmonauta Adrián Nikoláyev, y poco después llegará al mundo su hija Yelena, que se convirtió en la primera persona nacida de dos personas que habían visitado el espacio. De lo que no se ha hablado mucho es de la pérdida de calcio que sufrió Tereshkova tras su viaje espacial, que le impidió andar durante un mes, al margen de tener que visitar el hospital en varias ocasiones. Yelena, su hija, nació muy débil y exigió una constante vigilancia médica durante los primeros años de su vida.

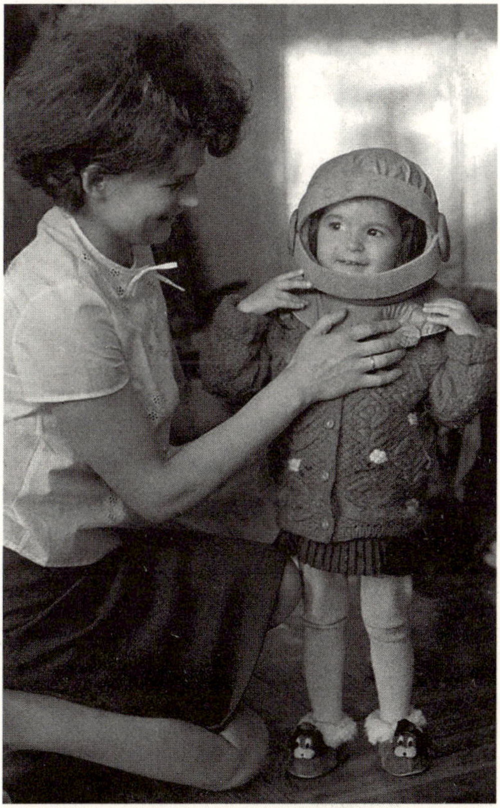

Tras su histórica misión en 1963, Valentina Tereshkova se convirtió en la primera mujer en volar al espacio... y más tarde en la primera cosmonauta madre. En 1964 se casó con el también cosmonauta Andrián Nikoláyev, y en 1964 nació Alyonka, la primera hija de dos personas que habían viajado al espacio. Su nacimiento fue seguido con atención científica y mediática, al considerarse un «experimento genético» del programa espacial soviético [San Diego Air and Space Museum].

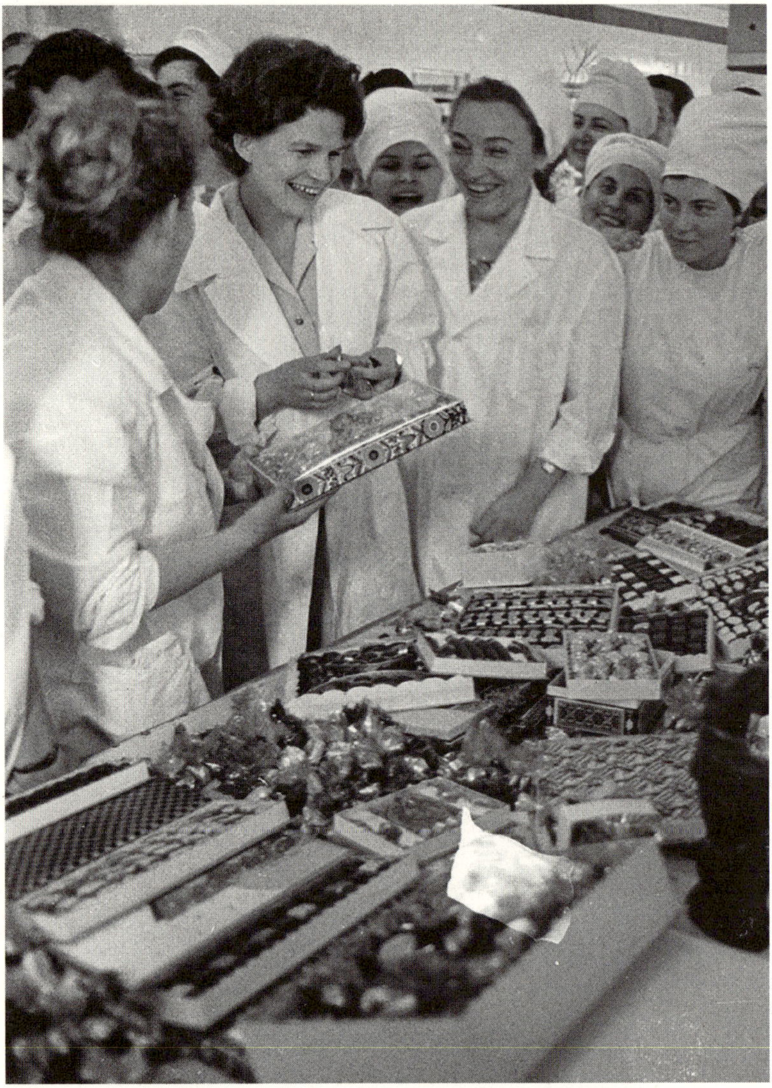

La cosmonauta soviética, primera mujer en viajar al espacio, recorre una fábrica de dulces en la ciudad ucraniana de Lvov (hoy Leópolis) durante una visita oficial. La imagen fue tomada el 1 de octubre de 1967 por el fotógrafo Alexander Mokletsov para la agencia RIA Novosti [Wikimedia Commons].

Ninguna de sus compañeras de preselección viajó al espacio. Tras regresar del espacio, Tereshkova estudió en la Academia de la Fuerza Aérea de Zhukovsky, graduándose como ingeniera espacial en 1969 y doctorándose en 1977. En 1997 se retiró de la fuerza aérea, en la que ingresó de forma honoraria para poder ser cosmonauta. Su relevancia le permitió desempeñar diversos cargos políticos: diputada del Soviet Supremo (1966-1974), miembro del Comité Central del Partido Comunista (1969-1991), y miembro del Presidium del Soviet Supremo (1974-1989).

Su activismo feminista, de clara tendencia cristiana, la llevó a la vicepresidencia de la Federación Democrática Internacional de Mujeres. Escribió también un célebre artículo titulado «Mujeres en el espacio», donde expone sus puntos de vista sobre mujeres involucradas en actividades científicas. Fue publicado en la revista estadounidense *Impact of Science in Society*. En él se manifiesta así: «Creo que una mujer siempre debe seguir siendo mujer y nada femenino debe ser ajeno a ella. Al mismo tiempo, creo firmemente que ningún trabajo realizado por una mujer en el campo de la ciencia o la cultura o cualquier otro, por vigoroso o exigente que sea, puede entrar en conflicto con su "antigua misión maravillosa": amar, ser amado, y con su anhelo por la felicidad de la maternidad. Al contrario, estos dos aspectos de la vida pueden complementarse perfectamente».

Su activismo político no decayó con el desplome de la Unión Soviética, sino que encontró espacio en partidos de corte conservador. Fracasó en su intento de acceder a la Duma estatal en 1995, pero lo consiguió más tarde integrada en las filas del partido de Vladimir Putin, Nuestra Casa Rusia, con el que mantiene una estrecha amistad. En 2014 fue portadora de la bandera olímpica durante los Juegos de Sochi.

En 2013, durante una visita cursada a la residencia de Vladimir Putin declaró que estaba interesada, a pesar de sus años, en viajar a Marte, aunque el viaje solamente sea de ida. Chaika, gaviota en castellano, fue su nombre en clave durante su misión al espacio y define perfectamente el carácter resuelto de quien es aún la única mujer que ha viajado sola al espacio.

* * *

Svetlana Savitskaya nació en Moscú el 8 de agosto de 1948. Su padre, Yevgeny Savitsky fue comandante de las fuerzas aéreas soviéticas. Por su actuación durante la Segunda Guerra Mundial fue reconocido dos veces como héroe de la Unión Soviética. Al margen de las enseñanzas recibidas durante la educación secundaria, siguió cursos optativos de música, inglés, natación y patinaje artístico.

Cuando cumplió dieciséis años decidió inscribirse en clases de paracaidismo sin autorización de sus padres. Su pasión por el vuelo y lanzarse en paracaídas era irrefrenable; su padre tardó un año en darse cuenta de las actividades de su hija. Como era previsible, a Svetlana no le costó demasiado que su padre apoyara sus planes. Poco después se lanzó en paracaídas desde 14 252 metros de altura. A este salto le siguieron 450 más, estableciendo tres récords mundiales en saltos desde la estratosfera. Alcanzó otros 15 récords mundiales saltando desde aviones a reacción.

Su experiencia como paracaidista y su fuerte personalidad le abrieron las puertas de la Escuela Soviética de Ingeniería de la Aviación. A los 20 años ya era experta en el manejo del avión Yak-18. Durante los campeonatos del mundo de acrobacia aérea de 1970, celebrados en Hullavington (Gran Bretaña) fue la sensación del equipo soviético, recibiendo a su regreso el título de Maestra Benemérita de Deportes de la URSS. En 1972 sería admitida para estudiar en el Instituto de Aviación de Moscú.

Acabada su formación, trabajó como monitora de aviación. Svetlana dominaba la técnica de vuelo en aviones tur-

Svetlana Savitskaya (Moscú, 8 de agosto de 1948) Cosmonauta, coronel y política rusa, fue la segunda mujer en viajar al espacio y la primera en realizar una caminata espacial (1984). Acumuló un total de 19 días, 17 horas y 6 minutos en órbita. Ingeniera formada en el Instituto de Aviación de Moscú y en la Escuela Técnica de Aviación de Kaluga, es diputada de la Duma Estatal desde 1995 por el Partido Comunista de la Federación Rus [Wikimedia Commons].

bopropulsores y en el avión supersónico. Excelente piloto, consiguió ser la mujer que voló a 2683 kilómetros por hora en un avión del tipo MiG-21, y se acreditó como piloto en 20 tipos de avión. En 1976, tras terminar su entrenamiento como piloto de prueba, fue destinada a la oficina de diseño del avión Yakovlev para que contribuyera a la mejora de las aeronaves soviéticas.

En 1980 le llegó la gran oportunidad de su vida, cuando fue seleccionada para formar parte de un grupo de mujeres cosmonautas para realizar vuelos espaciales en naves del tipo Soyuz. La ilusión de Svetlana era repetir la hazaña de Valentina Tereshkova, casi veinte años después.

El 19 de abril de 1982, la Unión Soviética había lanzado al espacio la Estación Espacial Salyut-7. Tenía escotillas de atraque en ambos extremos, un sistema mejorado de abastecimiento de combustible y habitáculos más cómodos para los cosmonautas, un máximo de tres. El 19 de agosto de 1982, Savitskaya fue lanzada con otros dos cosmonautas a bordo de un transbordador Soyuz T-6 con destino a la Estación Espacial.

La Estación estaba deshabitada y en fase de construcción. La misión de los cosmonautas era llevar allí materiales para continuar la construcción. Svetlana se convertía así en la segunda mujer en viajar al espacio. A pesar de su excelente formación como piloto no ejerció esta función durante la misión, sino que lo hizo como cosmonauta investigadora y fue la encargada de llevar a cabo una serie de experimentos durante la semana que duró el acoplamiento a la Estación Espacial. El día 27 de agosto, tras 7 días y 21 horas, Svetlana regresó a la Tierra a bordo de la Soyuz T-5, ya que su gemela, la T-6, quedó atracada en Salyut-7.

En julio de 1984 tuvo la oportunidad de tripular la Soyuz T-12 y durante su estancia en la Salyut-7, el día 25 de julio de 1984, se convirtió en la primera mujer en pasear por el espacio. Permaneció fuera de la Estación Espacial durante 3 horas y 35 minutos, realizando trabajos de montaje y soldaduras. En aquel momento se convirtió también en la primera mujer en viajar dos veces al espacio. Savitskaya es considerada la última cosmonauta soviética.

Al margen de las lógicas dificultades que Svetlana tuvo que superar para llegar a ser cosmonauta, hay que añadir el machismo que tuvo que sufrir por parte de sus compañeros. Así lo testimonian las palabras de acogida que le dispensaron cuando se abrió la escotilla de la Estación Espacial Salyut-7: «Tenemos preparados un delantal para ti, Sveta».

Al finalizar su carrera como cosmonauta inició su carrera política, su otra gran vocación. Tras una breve etapa como ingeniera civil, es nombrada diputada de energía en 1987. Diputada popular del Parlamento Soviético desde 1989 a 1991.

Si bien en el lado soviético las cosas pintaron algo mejor para las mujeres, aunque no fue oro todo lo que relució, en el lado norteamericano las cosas fueron bastante peor. En 1960, Jerry Cobb, pasaba por la misma batería de pruebas que habían pasado los hombres en la Clínica Lovelace, en Albuquerque (Nuevo México). Cobb contaba con cuatro plusmarcas de altitud y pilotaba desde aviones de instrucción a bombarderos cuatrimotores. Fue tal el nivel que mostró en las pruebas que se le pidió que buscara a otras mujeres piloto para que entraran en el programa. Pasaron 12 más, pero ninguna voló al espacio.

* * *

Veinte años después de la hazaña de Valentina Tereshkova, la NASA envió al espacio a Sally Ride, la primera norteamericana en hacerlo. Nació en Encino (Los Ángeles-California) el 26 de mayo de 1951. Cursó sus estudios primarios en el Valle de San Fernando. Desde muy pequeña mostró un gran interés por dos cuestiones: la ciencia y el tenis. Este le permitió una beca para estudiar Secundaria.

Fotografía oficial de la NASA autografiada por Sally Ride, primera mujer estadounidense en el espacio, correspondiente a su histórica participación en la misión STS-7 a bordo del transbordador Challenger en 1983. Esta misión la convirtió en un ícono de la exploración espacial y un referente para generaciones de mujeres en la ciencia y la tecnología [University Archives].

En aquellos momentos, la joven Sally únicamente pensaba en dedicarse profesionalmente al tenis. Siendo aún adolescente se clasificó entre las veinte mejores jugadoras nacionales del circuito de tenis junior. Cuando llegó a la universidad abandonó su pasión deportiva. Se graduó en física en la prestigiosa Universidad de Stanford y continuó formándose para poder investigar en astrofísica. Con solo 25 años vio en un anuncio que la NASA busca candidatos para su programa espacial y, en concreto, jóvenes científicos que pudieran servir como «especialistas de misión» en los vuelos espaciales. Fue elegida de entre nueve mil candidatos, ingresando en la NASA en 1978. Su instrucción incluyó saltos en paracaídas y cursos de supervivencia en el agua.

Se da la circunstancia de que por aquel entonces, Ride estaba casada con el también astronauta Steve Hawley, matrimonio que no duró más allá de cinco años. Sally Ride formó parte de la misión STS-7 del Transbordador Espacial Challenger; un año después realizó su segundo vuelo espacial en el que llegó a pasar 343 días en el espacio. Durante esa primera misión, Ride fue la ingeniera de vuelo, lanzando dos satélites de comunicaciones, manejando el brazo mecánico y realizando un importante número de experimentos.

La joven astronauta se preparaba para su tercera misión espacial cuando una tragedia truncó sus planes: la explosión del Challenger el 28 de enero de 1986. Ride se implicó a tiempo completo en la investigación de las causas del mismo. Un año después de la tragedia, Sally decidió dedicarse a la investigación y la docencia en exclusiva, no volvió al espacio. Ingresó en el Centro Internacional para la Seguridad y el Control de Armamentos de la Universidad de Stanford, compatibilizándolo con sus clases de física en la Universidad de California.

Ride se esforzó en motivar a las chicas en el estudio de las ciencias y publicó varios libros didácticos de temáticas aeroespaciales. Como broche al empeño de Ride de fomentar el conocimiento de la ciencia entre los más jóvenes en 2001 se crea la compañía Sally Ride Science, para la divulgación de la aeronáutica. Sally Ride fallecería el 23 de julio de 2012 como consecuencia de un cáncer.

Otra destacada pionera norteamericana fue, sin duda, la coronel Eileen Collins. Collins fue la primera mujer piloto de un transbordador, en 1995. En 1999, se convertiría también en la primera mujer comandante de una misión. Collins nació en Elmira (Nueva York) el 19 de noviembre de 1956, de antepasados irlandeses. Su padre sirvió en la Marina durante la Segunda Guerra Mundial. La temprana separación de sus padres acentuó su timidez; necesitó terapia para superar su tartamudez.

Bien pronto mostró su interés por volar y llegar a convertirse en piloto. Terminó sus estudios primarios en Elmira, y después fue matriculada en el Notre Dame High School, un instituto católico, donde manifestó no encontrarse bien. Los daños producidos en su casa como consecuencia del huracán Agnes provocaron una situación económica muy delicada, gracias a la cual Eileen pudo convencer a su madre de matricularse en un instituto público, donde finalmente se graduó.

Tras terminar sus estudios de secundaria, Collins pensó en alistarse en la Fuerza Aérea de Estados Unidos, pero su padre se negó rotundamente. Finalmente, terminó matriculándose en la Universidad de Siracusa, la cual eligió porque contaba con un programa del Cuerpo de Entrenamiento de Oficiales de la Reserva del Ejército del Aire. Por aquel entonces, la Fuerza Aérea norteamericana solo permitía la formación de mujeres como pilotos excluyendo misiones de combate. Por suerte para Eileen eso cambió a partir de 1975.

A esta edad, Collins ahorró dinero en trabajos a tiempo parcial y comenzó a tomar clases de vuelo, al mismo tiempo que acudía a la universidad. En 1978 se graduó en Matemáticas y Economía. Se convirtió en una de las cuatro mujeres seleccionadas para el Entrenamiento de Pilotos de Pregrado de la Fuerza Aérea en su base de Vance (Oklahoma). Las mujeres astronautas estaban haciendo sus prácticas de paracaidismo en la misma base y Collins se convenció que hacerse astronauta estaba a su alcance.

En 1979 se convirtió en la primera mujer instructora de vuelo de la Fuerza Aérea. Durante los siguientes once años enseñaría, simultáneamente, vuelo y matemáticas. Participó en la invasión de Granada por parte de su país, comandando un avión de transporte C-141 Starlifter, en 1983. Continuó formándose en el Instituto de Tecnología de la Fuerza Aérea y fue una de las primeras mujeres en ingresar en la Escuela de Pilotos de Pruebas de la Fuerza Aérea, graduándose en 1990. Alcanzaría el grado de coronel en la Fuerza Aérea.

Mientras se formaba como piloto de la Fuerza Aérea, terminaría un máster en Investigación de Operaciones en la Universidad de Stanford (1986) y otro en Administración de Sistemas Espaciales de la Universidad de Webster, Saint Louis, Missouri, en 1989. Presentó su candidatura a astronauta en 1990, siendo seleccionada y convirtiéndose en la primera mujer piloto de un transbordador espacial estadounidense en febrero de 1995, en una misión de encuentro y acoplamiento con la Estación Espacial Mir.

Volvió a pilotar un transbordador en 1997, el Atlantis, de nuevo hacia la Mir con la misión de transportar suministros. Tras cientos de horas de vuelo en su poder, se convirtió en la primera mujer en comandar un transbordador, el Columbia, en julio de 1999, con la misión de desplegar el Observatorio de rayos X Chandra. Volvería a comandar un transbordador, el Discovery, en 2005, con el objetivo de reabastecer a la Estación Espacial Internacional. En 2006 se retiró de la NASA.

Retrato oficial de Alan L. Bean, piloto del módulo lunar de la misión Apolo 12, tomado el 22 de septiembre de 1969. Aparece en traje espacial (sin casco), junto a una maqueta del módulo lunar. Bean formó parte de la segunda misión tripulada que aterrizó en la Luna y se convirtió en el cuarto ser humano en caminar sobre su superficie [NASA/Centro Espacial Johnson].

ALAN BEAN, EL ASTRONAUTA QUE PINTÓ EL ESPACIO

Alan LaVern Bean nació en Wheeler (Texas) el 15 de marzo de 1932. De ascendencia escocesa, de niño vivió en Minden (Luisiana), donde su padre trabajaba para el Servicio Federal de Conservación de Suelos. Se graduó en la Paschal High School de Fort Worth, a su vuelta a Texas. En esta etapa acompañaba a sus padres a ver piruetas de los aviones en Mecham Field. Se pasaba el fin de semana limpiando aviones y hablando con los pilotos. Posteriormente, ingresa con una beca en la Universidad de Texas, donde terminaría graduándose en Ingeniería Aeronáutica en 1955. Allí formaría parte de la fraternidad Delta Kappa Epsilon, una de las más antiguas del país.

Tras su graduación universitaria solicitó el ingreso en la Fuerza Aérea de los Estados Unidos, alcanzando rápidamente el grado de alférez. Realizó su entrenamiento de vuelo a través del Cuerpo de Entrenamiento de Oficiales de Reserva Naval, en Austin. Tras completarlo fue asignado al Escuadrón de Ataque A4, con sede en Jacksonville (Florida), donde permaneció desde el año 1956 a 1960. Tras este período de servicios, ingresó en la Escuela de Pilotos de Pruebas Navales, en Maryland, donde tuvo como instructor de vuelo a su futuro comandante en la misión Apolo 12, Pete Conrad.

Durante esta etapa voló en varios tipos de aviones navales hasta que en 1963 fue seleccionado por la NASA. Como botón de muestra de su experiencia como piloto, cabe decir que Bean acumuló 7145 horas de vuelo, incluyendo varios modelos de aviones a reacción. Siempre recordó el aura que rodeaba a los Siete del Mercurio de quien dijo vivían como auténticas estrellas de cine. Fue seleccionado piloto de reserva de la misión Gémini 10, pero finalmente, no participó en ella.

Durante ese tiempo se sintió ninguneado por sus compañeros, especialmente por Slayton y Armstrong. La casualidad, en forma de tragedia, quiso que su compañero Clifton Williams muriera en un vuelo de prueba, y fuera incluido en el programa Apolo a instancias de su instructor Pete Conrad. Bean se iba a convertir en el piloto del módulo lunar de la Apolo 12. El por entonces presidente de Estados Unidos, Richard Nixon, fue el primero en asistir a un lanzamiento espacial. Probablemente por esto último se decidió el lanzamiento en medio de una gran tormenta.

Fue protagonista de uno de los más espeluznantes episodios vividos durante todo el programa Apolo. A los 36 segundos del despegue la nave fue alcanzada por un rayo. La alarma maestra empezó a sonar y la nave empezó a temblar; casi todas las luces del panel de control estaban encendidas. Los astronautas nunca habían visto tantas luces de alarma encenderse a la vez en ninguno de los numerosos ensayos en el simulador. Tampoco el indicador de altitud, que orientaba la nave, se salvaba del caos. La nave se encontraba sin rumbo y Bean se preguntó si el ordenador había detectado un problema y el ordenador de a bordo los había impulsado hacia un lugar seguro. Rápidamente desechó la idea: el impacto había sido demasiado violento.

Gerry Griffin, director del vuelo, dirigía su primera misión y no podía creerse esta interminable sucesión de incidencias. Antes de abortar el vuelo llamó a John Aaron, el joven responsable del sistema eléctrico y le preguntó si era capaz de ver algo. Este le respondió que no, que su pantalla solo le ofrecía patrones de números al azar. En un determinado momento, Aaron recordó que había visto algo similar en una simulación y que se había recuperado la telemetría usando un interruptor etiquetado como Equipo de Condición de Señal e instó a la tripulación a usarlo.

Ni Griffin ni Conrad sabían lo que aquello significaba, pero sí Bean. Él se encargó de activar el interruptor y los controles empezaron a funcionar. El problema del sistema eléctrico no había afectado a los motores del cohete ni al sistema de guiado, pero aún no estaban seguros de que hubiera afectado al módulo de mando y con ello las esperanzas de regresar a la Tierra. Conrad ordenó a Bean que reiniciase las células de combustible y este comunicó que el módulo de mando revivía.

Alan Bean siempre puso en valor el comportamiento de su comandante durante esos momentos de angustia. Durante su período de entrenamiento, Bean trabajó la memoria selectiva, obviando los detalles sin valor. Sus informes sobre el alunizaje fueron los más precisos que ningún otro astronauta. Tuvo lugar en noviembre de 1969 en el Océano de las Tormentas. Asegura Bean que sufrió un respingo cuando oyó por primera vez el ruido de los impulsores de control del Módulo Lunar, esperaban encontrar la sonda Surveyor 3, enviada unos años atrás.

Una de las tareas encomendadas a Bean era la recuperación de la cámara de la sonda espacial. Bean miró por la ventana a una altura de 300 metros del lugar de alunizaje y sintió miedo por la velocidad del descenso. También aseguró haberlo sentido cuando Conrad, en vista de lo accidentado del lugar de alunizaje, tomó el control y dio bandazos con la nave en busca de un lugar más adecuado. Cuando alunizaron, Bean reconoció estar arrepentido de que las prisas por el retraso acumulado le impidieran disfrutar de pisar la superficie lunar.

El astronauta Alan L. Bean, piloto del módulo lunar del Apolo 12, examina la sonda Surveyor 3, que había aterrizado en la Luna en 1967. Al fondo se distingue el módulo lunar Intrepid, con el que Bean y Pete Conrad alunizaron en el Océano de las Tormentas en noviembre de 1969. Esta fue la primera vez que seres humanos visitaban una nave enviada previamente al mismo lugar [NASA].

Para colmo de males, no hay una sola grabación de televisión que lo atestigüe ya que Bean rompió la cámara al apuntar directamente al Sol. Una anécdota jocosa sí tuvo como protagonista especial a Alan Bean: fue la primera persona en comer espaguetis en la Luna. Esta misión también pasó a la historia por un descubrimiento absolutamente fortuito: durante el ensamblaje uno de los operarios debió estornudar dejando en el interior rastros de la bacteria estreptococo. Cuál no sería la sorpresa cuando, tiempo después, se descubrió que las bacterias habían sobrevivido a su estancia en el espacio. La famosa teoría de la panspermia era viable. Durante la misión, estudiaron la superficie lunar e instalaron la primera estación generadora de energía nuclear en la Luna. Dick Gordon, que permaneció en el módulo de mando, fotografió la superficie lunar para localizar futuros lugares de aterrizaje.

Hasta aquí la participación de Alan Bean en el programa Apolo. Con posterioridad, participó en el Skylab, una especie de estación orbital primitiva. Fue nombrado comandante de la segunda misión estableciendo una nueva plusmarca de permanencia en el espacio, al pasar en él cincuenta y nueve días. También protagonizó una caminata fuera de la estación orbital. Tras esta última misión espacial, Bean se convirtió en entrenador de astronautas e incluso preparó labores para el transbordador, aunque nunca más volvió al espacio.

Había recibido clases de pintura siendo piloto de pruebas y pintaba siempre que podía. Tras el final del programa Apolo-Soyuz, que puso punto y final a la Guerra Fría, volvió a las clases en el Museo de Bellas Artes de Houston. Relata Bean que se hizo una promesa a sí mismo: «Si vuelvo a casa, voy a vivir mi vida tal y como yo desee». En 1981, a los cuarenta y nueve años, anunció a sus colegas que abandonaba su carrera de astronauta para convertirse en pintor.

Argumentaba Bean su decisión en el hecho de que, tras 18 años como astronauta, había tenido la suerte de visitar lugares que ningún otro artista hubiera podido visitar, y sentía la necesidad de expresarlo mediante la pintura. Una de sus pretensiones confesas como pintor era la de darle color a la Luna; de hecho, en su pintura nuestro satélite no aparece con un monótono y mortecino color gris sino en diversos tonos de varios colores. Una de las más valiosas curiosidades de los óleos de Bean es que hay en ellas polvo lunar real.

Todo se debe a una casualidad. Cuando Bean comienza a pintar se da cuenta de que los parches de sus trajes espaciales estaban impregnados de polvo lunar y decidió añadir fragmentos de esos parches a sus pinturas, haciéndolas únicas. No solo empleó el polvo lunar para texturizar sus pinturas, sino que también les añadió fragmentos del asta de la bandera que plantó en la superficie de la Luna y las botas que utilizó durante la misión.

Bean exhibió sus pinturas en el National Air and Space Museum durante el 40 aniversario de la llegada a la Luna. La temática espacial monopolizó toda su obra. Se ha dicho de él que fue la principal fuente de inspiración del libro *Elegidos para la gloria*, de Tom Wolfe, aunque curiosamente no aparece por no constituir parte de los Siete del Mercurio.

En una entrevista, ya retirado, describió la sensación de golpear la atmósfera terrestre: doce veces más rápido que la bala de un rifle de alta velocidad. Una fracción de grado fuera de la ruta los hubiera devuelto al espacio para toda la eternidad. Bean intentó que todo aquello que pudo vivir en el espacio quedara reflejado en su obra. A lo largo de treinta y seis años pintó más de 140 cuadros, destacando *Un gran salto* o *De puntillas por el Océano de las Tormentas*. Al margen del polvo lunar de su traje empleado en la elaboración de los lienzos, también utilizó en los mismos un molde de bronce que imitaba las pisadas de sus botas espaciales. Utilizó, asimismo, como herramienta el martillo de acero inoxidable que empleó en la misión.

Bean manifestó en una ocasión que se hizo piloto porque le parecía una profesión para valientes. Preguntado por si había sentido miedo, Bean respondió que más que miedo había sentido preocupación porque toda maquinaria a la larga se estropea y si ocurre en la Luna no hay manera de volver a la Tierra. Reconoció que tampoco experimentó la sensación de estar escribiendo la Historia, estaba tan absolutamente absorto en su misión que no se paró un momento a reflexionar sobre la importancia de lo que hacían.

Bean concluyó casi 150 obras en su carrera como pintor. Una carrera de éxito, con cuadros que se vendieron a más de 125 000 dólares pero que refleja la frustración del artista que intenta hacer realidad su propia visión, sin conseguirlo. Durante una entrevista concedida en 2008 afirmó: «Creo que uno de los aspectos más importantes es que fuimos a la Luna en son de paz, en nombre de toda la Humanidad».

Alan Bean siempre pensó que el proyecto Apolo se llevó a cabo por las razones correctas: «estábamos en una carrera con los rusos, pero los gestores nunca perdieron de vista el hecho de que se trataba de un logro de toda la Humanidad. Plantamos la bandera, pues es lo que hacen los exploradores, pero no íbamos a reivindicar la Luna. Creo que ese fue uno de los logros del Apolo. Se trata de la Humanidad en la cumbre, de lo que pueden hacer los humanos».

El astronauta falleció el 26 de mayo de 2018, en Houston, Texas, a la edad de 86 años. Su muerte se produjo tras una repentina enfermedad diagnosticada dos semanas antes.

GESSO

Alan L. Bean en su estudio de pintura [NASA].

Fotografiado en diciembre de 1969, el comandante James A. Lovell, Jr. posa con su traje espacial junto a un globo lunar, pocos meses antes de liderar la misión Apolo 13. Veterano del programa Gemini y del Apolo 8 —el primer vuelo tripulado que orbitó la Luna—, Lovell fue uno de los astronautas más experimentados del programa espacial estadounidense [Human Space Flight Gallery/NASA].

JIM LOVELL, UN ASTRONAUTA DE CINE

Nació en Cleveland, Ohio, el 25 de marzo de 1928. Su padre falleció siendo él un niño en un accidente automovilístico. Tras esta tragedia, se trasladó con su madre a Milwaukee (Wisconsin), graduándose en la Escuela Juneau de enseñanza secundaria. Boy Scout desde niño, consiguió la máxima distinción de la agrupación norteamericana. Estudió en la Universidad de Wisconsin durante dos años para ingresar a continuación en la Academia Naval de Estados Unidos, donde se graduó en 1952, donde recibió una distinción por sus aportaciones científicas. Una vez graduado participó con brillantez en la Guerra de Corea, donde fue destinado.

A su regreso decide convertirse en piloto de pruebas naval. Fue seleccionado para el programa Mercury, pero una eventualidad médica provocó su rechazo. Una decisión que más tarde fue reconsiderada. En 1960 contrae matrimonio con Marilyn Gerlach, a la que había conocido en el instituto y de la que no se ha separado jamás. De su matrimonio nacieron cuatro hijos. En 1962, y con numerosas horas de vuelo, es seleccionado por el segundo grupo de astronautas de la NASA.

Lovell inició su carrera como astronauta en el programa Gémini 4, donde fue elegido como piloto de emergencia. A esta misión siguieron tres misiones más hasta la Gémini 12. James A. Lovell formó parte del equipo que participó en la segunda misión tripulada en salir de la órbita de la Tierra, la Apolo 8, en 1968. Gozó de la experiencia de ver la Tierra desde el espacio, y pudo contemplar de forma privilegiada también a nuestro satélite.

La nave tardó tres días en llegar a la Luna y la orbitó por espacio de 20 horas. Fue un acontecimiento televisado para todo el mundo y que tuvo una amplia repercusión. La misión fue considerada todo un éxito y su tripulación llegó a la Tierra sana y salva el 27 de diciembre de 1968. A su llegada fueron recibidos como auténticos héroes.

Sin embargo, la misión que cambió la vida de Jim Lovell fue la Apolo 13, de la que fue nombrado comandante. Junto a él, Fred Haise, quien debía alunizar con Lovell y pilotar el Módulo Lunar, y Jack Swigert, piloto del Módulo de Mando. Tras los triunfos de las misiones Apolo 11 y 12, en 1969, el año 1970 fue un año muy duro para la NASA. Los recortes presupuestarios, que habían comenzado años antes debido a las cuantiosas pérdidas ocasionadas por la guerra de Vietnam, se volvían ahora drásticos. La misión Apolo 20 fue cancelada en enero, y en agosto le seguirían las misiones 19 y 18.

Los medios afirmaron que la culpa la tenía Pete Conrad, por haber hecho fácil la empresa de alunizar el Apolo 12. Los defensores del fraude lunar consideran que por esto la NASA cambió el guion del lanzamiento del Apolo 13 previsto para abril y bautizando con el nombre de Aquarius al módulo lunar en homenaje a la canción que aparece en la película *Hair*. Los negacionistas incluso creen que la Agencia habría imposibilitado el alunizaje e incluso hubiera sacrificado a la tripulación salvo por una heroica combinación de ingenio y valor.

El 11 de abril tuvo lugar un lanzamiento perfecto, y tras una correcta aceleración, la nave empezó a flotar hacia la Luna, y a falta de 70 000 kilómetros, los tripulantes oyeron una explosión. El piloto, Jack Swigert, se dio cuenta de que la presión del oxígeno de uno de los tanques del módulo de servicio descendía. Casi al mismo tiempo, Jim Lovell comprobó que la nave perdía gas. Desde el primer momento, la tripulación tomó conocimiento de la gravedad de la situación: uno de los tanques de oxígeno había explotado y dañado también a su compañero.

No había forma de seguir generando oxígeno, electricidad o agua. Tampoco sensores ni instrumentos. Nadie estaba seguro de si el motor explotaría si se ponía en marcha. La verdad es que se habían preparado y ensayado muchas situaciones extremas en las simulaciones anteriores a los vuelos, pero nunca una tan extrema como esta. El director del vuelo, Gene Kranz, recuerda con escalofrío que veía cómo «los recursos de sustentación vital del módulo de mando desaparecían... como la sangre brotando de un cuerpo... los controladores sintieron que se precipitaban por un abismo».

Lovell relataría años después en un libro titulado *Lost Moon* las peripecias de aquella frustrada misión espacial. En 1995, Ron Howard adaptaría al cine el libro de Lovell, con Tom Hanks en el papel del comandante.

El drama de la Apolo 13 había empezado, en realidad, varios años antes de la misión, cuando la NASA pidió a la empresa que diseñaba y construía el módulo de mando Odyssey que los sistemas eléctricos de la nave fueran compatibles con los 65 voltios de corriente continua que circulaban en el Centro Espacial Kennedy, de Florida, y a pesar de que la nave estaba diseñada para operar solo con 28 voltios.

Sus tanques de oxígeno llevaban un calentador que lo convertían en gas, y que eran controlados cada uno de ellos por un termostato que no estaba preparado para el exceso de voltaje. Uno de esos tanques de oxígeno, el número 2 de la Apolo 13, sumado ello a que había sufrido una caída accidental el año antes del lanzamiento. Fue algo leve, cayó de las manos de un operario a unos cinco centímetros de altura, pero dañó uno de los componentes internos del sistema de llenado y provocó el deterioro en el aislante de los cables.

Cuando en Houston llenaron el tanque número 2 con oxígeno líquido para el lanzamiento de la Apolo, dejaron armada y sin saberlo una bomba de acción retardada. La bomba estalló en pleno vuelo, cuando la nave ya se encontraba en órbita sobre la Luna; se fundió uno de esos cables internos, provocando un cortocircuito y después una explosión, esparciendo

Póster de la película *Apollo 13* (1995). Dirigida por Ron Howard y protagonizada por Tom Hanks como Jim Lovell, la película narra la tensa y extraordinaria historia real de la fallida misión lunar Apolo 13 en 1970. Convertida en un clásico del cine espacial, la cinta popularizó la frase «Houston, tenemos un problema» y rindió homenaje al ingenio y la determinación de la NASA para traer de regreso a salvo a los tres astronautas a bordo [Universal Pictures/Imagine Entertainment].

el oxígeno almacenado por el espacio. Glynn Lunney, ingeniero de vuelo de la misión fue quien escuchó el mensaje de Jim Lovell: «Houston, tenemos un problema».

Una traducción muy libre del verdadero mensaje de Lovell, «Houston, we've had a problem here». Tenemos un problema «aquí»; «Aquí» era un punto en el negro abismo del espacio y a 320 000 kilómetros de la Tierra. La explosión había destruido uno de los dos tanques de oxígeno y dañado el otro, que había quedado incapacitado para generar agua potable y electricidad.

La falta de agua no únicamente implicaba sed para los tripulantes; también era imposible que pudieran ser refrigerados los equipos electrónicos. Aunque *Lost Moon* y la película *Apolo 13* trasladan todo el protagonismo a Lovell y al director de vuelo, Gene Kranz, la valentía y capacidad del joven Lunney fueron determinantes para que la aventura del Apolo 13 no terminara en tragedia. Fue Lunney el que sugirió cancelar la misión y apostar por salvar la vida de los tres astronautas. Obviamente, sin la sangre fría de Lovell hubiera sido imposible que esto último ocurriera.

Lunney, tras escuchar a Lovell, fue el que sugirió abortar la misión lunar. La nave de mando estaba moribunda, no era capaz de ejecutar ninguna maniobra y era, en sí misma, un peligro para los astronautas. El Control de Vuelo tomó una decisión desesperada: el módulo lunar Aquarius, con el que Lovell y Haise pensaban alunizar, se convertía ahora en la única esperanza para los astronautas. La orden que se impartió a Lovell, Haise y Swigert fue que abandonaran el módulo de mando y se trasladaran al módulo lunar.

Aquarius estaba diseñado y preparado para que lo ocuparan dos hombres, y no tres, y con provisiones, y previsiones, destinadas a dos días de viaje y no a los cuatro que duraría el viaje de regreso. Los controladores dieron órdenes a los astronautas para que quemaran el motor de descenso del módulo lunar, maniobra que permitiría reducir el viaje de vuelta en doce horas.

Los astronautas Jim Lovell (derecha) y Buzz Aldrin a bordo del portaaviones USS Hornet tras el amerizaje de la misión Gemini 12 en el océano Pacífico, el 15 de noviembre de 1966. Esta misión marcó el cierre exitoso del programa Gemini y fue clave para preparar las operaciones orbitales y de acoplamiento necesarias para el futuro programa Apolo [NASA/Great Images in NASA Collection].

Con el alunizaje perdido, Lunney y Lovell decidieron que la nave rodeara la Luna y encarara el regreso a la Tierra. El viaje sería más largo, pero Odyssey podría aprovechar el impulso de la gravitación lunar que la empujaría en su incierto regreso a casa. El ingeniero Lunney decidió también diseñar un sistema de orientación que tuviese en cuenta el Sol y la Tierra, en lugar de hacerlo, como sería más normal, por las estrellas.

En aquel momento, la Apolo 13 viajaba rodeada de fragmentos metálicos, producto de la explosión, que podían confundir a los astronautas. Restringió el agua y la electricidad a los ahora ocupantes del Aquarius y les ordenó que desconectaran del módulo principal los equipos de telemetría, el ordenador principal y el purificador de aire. Glynn Lunney diseñó una ruta no trazada, en sus propias palabras: «Construimos una autopista especial de un cuarto de millón de millas por la que, durante cuatro días, sirvió para que la tripulación volviera a casa».

Lunney añade: «Para eso trabajó gente de todos los continentes en apoyo nuestro y de los astronautas en peligro. Fue un sentimiento inspirador que nos recordó una vez más nuestra humanidad común». No exageraba el ingeniero de vuelo norteamericano; Alekséi Kosyguin, primer ministro soviético, ofreció la ayuda de la Armada de la Unión Soviética y de su marina mercante para la recuperación de la cápsula que todavía no se sabía dónde iba a caer. El líder soviético manifestó: «Espero que los intrépidos astronautas regresen felizmente a la Tierra».

La verdad que la intrepidez no les servía para nada a Lovell, Haise y Swigert. Perdidos en el espacio y en manos de tres ingenieros de vuelo. Entretanto, la Humanidad entera seguía con el alma en vilo los vaivenes de aquel viaje que duró cuatro días. Hubo cálculos equivocados, improvisación forzada a medida que la travesía se complicaba. Como curiosidad, las primeras correcciones del rumbo del Apolo 13, manejado ahora desde el módulo lunar, dieron un pequeño error.

Los especialistas en trayectoria no habían tenido en cuenta que, en ese momento, en el módulo lunar viajaban tres personas, y no dos. El problema es que ese detalle alteraba el centro de gravedad y, por tanto, el resultado del impulso. Todos los ajustes de navegación tenían que hacerse ahora desde el telescopio del módulo Aquarius, diseñado para la Luna y no para regresar a la Tierra. Sin electricidad, los motores de Odyssey ya no funcionaban, no quedaba más remedio que usar los de Aquarius.

Los siguientes cuatro días fueron dedicados a improvisar soluciones provisionales a problemas que nunca habían sido imaginados y mucho menos abordados. Una de las más aplaudidas fue fabricar un sistema de filtración del aire a partir de cartón, las cubiertas de plástico de los libros de instrucciones, bolsas de almacenamiento y cualquier otra cosa que estuviese disponible para la tripulación. Los astronautas se congelaban literalmente, se morían de hambre, de sed, intentaron trabajar sin dormir, y el mundo entero estaba pendiente de ellos. El papa Pablo VI rezó por ellos, cien mil hinduistas hicieron lo propio durante un festival, todo el planeta estaba pendiente de los desafortunados astronautas.

Durante todo este tiempo, los responsables de la NASA advirtieron a las esposas y familiares de los astronautas que las esperanzas de un regreso feliz eran tan solo de un diez por ciento. Hay ciertos aspectos de esta misión que deberíamos tener en cuenta sobre esta legendaria misión. El primero de ellos es la mitificación que la película de Ron Howard (1995) hizo de la NASA, convirtiéndola en una auténtica «madre protectora» incapaz de abandonar a sus hijos en las situaciones más dramáticas. Ello no cuadra demasiado con la situación de Jim Lovell cuando es rescatado del olvido (regentaba una compañía de botes remolcadores) por el coguionista y productor Al Reinert; más parecía el castigo a un comandante de una misión fracasada.

Otro aspecto interesante de este episodio es el hecho de que el multitudinario estreno de *Apolo 13* opacó de forma evidente un hecho histórico, tal como fue el acoplamiento del transbordador espacial Atlantis con la estación espacial rusa Mir. La maniobra era desesperada; poco antes de ingresar en la atmósfera, los tres astronautas tuvieron que regresar a Odyssey, que era ya un espacio helado. A continuación, se prepararon para descartar el módulo de servicio, averiado, y al Aquarius, que les había servido de salvavidas. La operación de desacople se había ensayado, pero, obviamente, nunca en una situación de riesgo tan extremo.

Se encontraron con la agradable sorpresa de que una de las baterías auxiliares estaba cargada al máximo y el ordenador principal, cuyo apagado había sido ordenado por Lunney, funcionó a la perfección una vez reseteado, aun a pesar de haber soportado temperaturas glaciares. La carga de la batería les garantizaba electricidad suficiente para accionar el mecanismo de lanzamiento de los paracaídas, que deberían suavizar el impacto de la Apolo en las aguas del mar.

Durante todo este tiempo, el comandante Lovell fue capaz de mantener el ánimo de su tripulación y mantener una comunicación fluida con los ingenieros de vuelo, a pesar de lo extremo de la situación que vivían. El ingeniero Lunney fue el responsable del cálculo exacto del lugar donde la nave tomaría contacto con el mar; pero lo más importante fue evitar que la Apolo 13 pasara de largo de la Tierra y se convirtiera en un sarcófago perdido para siempre en el espacio.

No podemos ni imaginarnos lo que supuso el habitual lapso de tiempo, de entre siete y diez minutos, de silencio de radio que rodea las reentradas de las naves espaciales en la atmósfera. La situación era ya, de por sí, extrema. El frío extremo y la escasez de alimentos había provocado en Fred Haise una infección renal y su estado era muy delicado. Finalmente, y pasado ese dramático intervalo de tiempo, la voz de Lovell sonó alta y clara: estaban a salvo.

El portaaviones Iwo Jima, responsable del rescate de otras cuatro tripulaciones del programa Apolo, esperaba el acuatizaje de la nave espacial en el océano Pacífico, a unos mil kilómetros de Pago Pago, en la Samoa estadounidense. Tampoco hubo suerte con el tiempo meteorológico; a unos 400 kilómetros del lugar donde tenía previsto tomar contacto la Apolo 13, una borrasca tropical llamada Helen amenazaba con convertirse en huracán, lo cual hubiera dificultado enormemente el rescate.

La cápsula espacial cayó a solo cinco kilómetros del portaaviones. Debido a su mal estado de salud, Haise fue el primero en ser izado al helicóptero de rescate. Aún estaría varios días ingresado en la enfermería del portaaviones. La epopeya había terminado felizmente. A partir de este momento la vida de Lovell y la de Lunney siguieron caminos paralelos, pero no convergentes. En 1971, el astronauta sería nombrado director del Centro Espacial Johnson, en Houston, cargo en el que permanecería hasta 1973.

Ese mismo año, y tras su retirada de la Armada y del programa espacial, se convertiría en alto ejecutivo de una corporación, cargo en el que permanecería hasta su jubilación en 1991. Vuelve a Illinois y abre un restaurante. Durante este lapso de tiempo, encontraría el momento para escribir su célebre *Lost Moon*, que serviría, como hemos dicho, para recrear cinematográficamente su aventura.

Glynn Lunney, junto al resto del equipo de control de vuelo, recibió la Medalla Presidencial de la Libertad por su labor durante el regreso de la Apolo 13. Fue elegido por la NASA para viajar a la Unión Soviética con la misión de concretar la cooperación de los dos países en el proyecto Apolo-Soyuz. Fue nombrado director técnico del proyecto y su trabajo consistió, básicamente, en lograr el acoplamiento de dos naves espaciales de Estados Unidos y la Unión Soviética.

Lo logró en 1975. En 1981 se le encargó el programa Space Shuttle, de lanzaderas espaciales. Dejó la NASA en 1985 y en 1986 fue llamado a declarar en la Comisión del Congreso de los Estados Unidos que investigó la tragedia del Challenger. Tras ello pasó a la industria privada, donde trabajó hasta su jubilación en 1999. Falleció en 2021.

LOS ASTRONAUTAS NEGROS, SÍMBOLOS DE LA LUCHA POR LOS DERECHOS CIVILES

El racismo también estuvo presente en los primeros momentos de la carrera espacial. La película *Figuras ocultas* (2016) relata la lucha de Katherine G. Johnson, Dorothy Vaughan y Mary Jackson, tres científicas norteamericanas de raza negra que tuvieron que soportar conductas racistas durante su trabajo en la Agencia Espacial Norteamericana (NASA). Las tres realizaron los precisos cálculos de trayectoria que permitieron el primer vuelo espacial de un norteamericano, el de John Glenn.

Las tres vivieron en sus propias carnes comportamientos racistas de compañeros y compañeras en la propia Agencia. En la película se recrea el actual Centro Marshall de la NASA en Alabama, uno de los estados sureños más racistas de Estados Unidos; en una de las escenas las protagonistas acuden a los aseos, diferentes para ellas de los de las empleadas blancas. Al margen de este episodio, se reflejan otros como aquellos en los que se constatan las diferencias laborales entre el personal de color y el personal blanco.

Los primeros años sesenta del pasado siglo fueron años decisivos en la conquista de los derechos civiles para los negros. Líderes como Malcolm X y Martin Luther King fueron las cabezas visibles de este movimiento. La carrera espacial no iba a estar exenta de episodios racistas. Si, como hemos comentado, ya había problemas con los empleados de la Agencia, la selección de astronautas no iba a sustraerse del racismo. Los astronautas eran una selección de los mejores americanos: blancos, creyentes y sólidos principios morales. Los negros no entraron en estas primeras selecciones, aunque ya había destacados pilotos de pruebas de raza negra.

Habría que esperar hasta el verano del 67 para que uno de esos pilotos fuera seleccionado para convertirse en astronauta. San Francisco vivía el que más tarde sería llamado Verano del Amor, con la música de fondo de The Mamas and The Papas, empapando el ambiente de esperanza. Más de 200 000 personas se concentraban frente al Pentágono para exigir el fin de la guerra de Vietnam y el regreso de los soldados.

Mientras todo esto ocurría, el primer afroamericano se subía a una nave espacial de la NASA para participar en uno de esos programas. Su nombre era Robert Henry Lawrence Jr. El astronauta declaró, al recibir la noticia de ser seleccionado por la NASA: «Es otra de las cosas que esperábamos de la progresión hacia la conquista de los derechos civiles». Nació en Chicago, Illinois, en 1935. Desde muy pequeño evidenció un gran talento para la ciencia. Se graduó en Química en la Universidad de Bradley de forma brillante. Poco después de terminar sus estudios universitarios ingresa en la Fuerza Aérea estadounidense, se convirtió en piloto y ascendió a instructor. Muy trabajador, continuó con sus estudios de doctorado por la noche, finalizándolos en 1965 en la Universidad Estatal de Ohio.

Su gran talento le permitió convertirse en investigador del Laboratorio de Armas de la Fuerza Aérea en la base de Kirtland. En 1965 ya había acumulado más de 2500 horas de vuelo y tenía tan solo treinta años cuando la NASA lo seleccionó para el programa MOL (Manned Orbital Laboratory), impulsado por la Fuerza Aérea en colaboración con la Oficina Nacional de Reconocimiento. Planteada en principio como una misión espacial acabó siendo una maniobra militar en plena Guerra Fría contra la Unión Soviética, con el objetivo de tomar fotografías de alta resolución de los misiles soviéticos. En realidad, un intento no declarado de uso del espacio con fines militares.

Bajo el paraguas del programa MOL, despegaron una serie de cápsulas Gémini, que hicieron las veces de miniestaciones espaciales orbitando alrededor de los polos, tripuladas por dos astronautas y con estancias que no superan los treinta días. La Fuerza Aérea seleccionó a Lawrence Jr como miembro del tercer grupo de pilotos de investigación aeroespacial el 30 de junio de 1967, convirtiéndose en el primer hombre de color en ser seleccionado para un programa espacial.

Pese a tantos preparativos, la NASA no pudo nunca ver realizado el programa MOL. Los problemas de financiación y, en paralelo, el empeño en mejorar técnicamente los satélites no tripulados, provocaron la cancelación del programa en 1969. Desgraciadamente, Lawrence Jr murió prematuramente sin saber que sería cancelado. Con tan solo 32 años, el día 8 de diciembre de 1967, sufrió un accidente cuando volaba en un F-104 Starfighter.

La tragedia ocurrió cuando, cumpliendo con su trabajo de piloto instructor, el piloto con el que volaba realizó una maniobra a baja altura que salió mal y el avión acabó estrellándose contra el suelo. El motor principal se incendió y provocó que el avión diese varias vueltas de campana. Los dos pilotos fallecieron en el accidente. Cincuenta años después de su muerte, y a pesar de que nunca llegase a ponerse en órbita ni a encaminarse hacia el espacio, el legado de Lawrence Jr fue reconocido en una ceremonia celebrada en el Centro Espacial Kennedy de Florida.

Fue el primero en la lista de afroamericanos que siguieron su ejemplo y que lucharon por desempeñar trabajos que siempre habían sido reservados a los blancos. Finalmente, el primer afroamericano en alcanzar tal honor fue Guion Bluford, el 30 de agosto de 1983. Bluford nació en Filadelfia, Pensilvania, el 22 de noviembre de 1942. Su madre, Lolita, era maestra de educación especial. Su padre, Guion Sr, ingeniero

Físico, piloto y oficial de la Fuerza Aérea de EE. UU., Robert H. Lawrence Jr. fue seleccionado en 1967 como parte del programa Manned Orbiting Laboratory (MOL), convirtiéndose en el primer astronauta afroamericano. Su carrera prometedora fue truncada trágicamente ese mismo año, cuando falleció en un accidente durante un vuelo de entrenamiento. Su legado ha sido reivindicado como pionero en la historia de la exploración espacial y referente de representación en la ciencia y la aviación [NASA].

CANOPY
RELEASE
RESCUE
EMERGENCY ENTRANCE
CONTROL ON OTHER
SIDE
PUSH TO
RELEASE HANDLE
RCE

El ingeniero y piloto Guy Bluford hizo historia en 1983 al convertirse en el primer afroamericano en viajar al espacio, como especialista de misión en el vuelo del transbordador Challenger STS-8. Voló en cuatro misiones entre 1983 y 1992, acumulando más de 688 horas en el espacio. Su trayectoria marcó un hito en la diversificación del programa espacial estadounidense y sigue siendo un referente para las nuevas generaciones de científicos e ingenieros [NASA].

mecánico. El matrimonio Bluford educó a sus hijos en el trabajo duro y alentó en ellos la búsqueda de metas muy altas.

Guion Bluford cursó estudios en la Overbrook Senior High School, de Filadelfia. Descrito por sus compañeros como muy tímido. Durante su estancia en esta escuela, un consejero escolar le recomendó que aprendiera un oficio porque el centro carecía de lo necesario para un alumno negro que quisiera ir a la universidad, pero Bluford no escuchó el consejo y perseveró en sus estudios. Él se graduó de forma brillante y pudo ir a la Universidad.

Se graduó como Ingeniero Aeroespacial en la Universidad Estatal de Pensilvania. Poco después contrae matrimonio con Linda Tull y se inscribe en el Cuerpo de Entrenamiento de Oficiales de Reserva, grupo de programas que prepara a adultos jóvenes para ser oficiales de las Fuerzas Armadas de Estados Unidos. Allí asistió a la escuela de vuelo, obteniendo sus alas en 1966. Asignado al Escuadrón de Cazas Tácticos con base en Cam Rahn Bay, en Vietnam, Bluford participó en 144 misiones de combate, 65 de las cuales tuvieron como objetivo el norte de aquel país.

Tras cumplir con su servicio militar en Vietnam, Guy pasó cinco años como instructor de vuelo en la Base Sheppard de la Fuerza Aérea en Texas. Volvió a la Universidad para recibir un máster en ingeniería espacial del Instituto de Tecnología de la Fuerza Aérea en 1974. Al máster siguió un doctorado en física láser de la misma institución que finalizaría en 1978. Ese mismo año participaría en una selección de futuros astronautas promovida por la NASA.

Fue elegido, junto a otros 34, de entre 10 000 solicitantes. Comenzó el programa de entrenamiento de la Agencia Espacial y se convirtió en astronauta en agosto de 1979. Estaba en el mismo grupo de astronautas que Ron McNair, el afroamericano que murió en la tragedia del Challenger, y Fred Gregory, quien más tarde se convertiría en Administrador Adjunto de la NASA. Precisamente a bordo del Challenger, el 30 de agosto de 1983, tuvo lugar la primera misión espacial de Bluford.

Se trataba del tercer vuelo del transbordador, el octavo de la historia de los transbordadores, y lo convirtió en el primer afroamericano en visitar el espacio. Tras completar 98 órbitas, el transbordador aterrizó en la Base Edwards de la Fuerza Aérea en California, el 5 de septiembre de 1983. Guion Bluford participó en tres misiones más del transbordador: la STS 61-A, a bordo del Challenger y solo meses antes del accidente; la STS-39, a bordo del Discovery, y STS-53, también a bordo del Discovery.

Su trabajo en el espacio se orientó al despliegue de satélites y experimentos científicos y militares. Durante su periplo en la NASA, Bluford continuó sus estudios y obtuvo un máster en Administración de Empresas por la Universidad de Houston en 1987. Pocos años después, en 1993, se retiró de la NASA y de la Fuerza Aérea. Dedicado al mundo de la empresa a partir de ese momento, en la actualidad es vicepresidente y gerente del Grupo de Ciencia e Ingeniería de Federal Data Corporation, en Maryland. Guion cuenta con un sinfín de reconocimientos y forma parte del Salón de la Fama del Espacio Internacional desde 1997; también es miembro del Salón de la Fama de los Astronautas de Estados Unidos.

En varias ocasiones, Guion Bluford ha señalado que sintió una enorme responsabilidad durante su etapa en la NASA debido a ser el primer afroamericano en el espacio y considerar que su figura era ya un modelo para millones de afroamericanos. En un tono más lúdico, hizo un cameo en la segunda de las entregas de la saga *Men in Black*.

Lo que pocos saben es que Guion Bluford no fue el primer hombre de color en el espacio, ese honor le cupo a Arnaldo Tamayo Méndez. Arnaldo nació en Baracoa (Cuba) el 29 de enero de 1942. El astronauta cubano no solo fue el primer hombre negro en el espacio, sino también el primer hispanoparlante. Nació en el seno de una familia muy humilde. Se quedó huérfano muy pequeño y empezó a trabajar a los 13 años como limpiabotas, ayudante de carpintero y vendedor de periódicos.

En 1980, Arnaldo Tamayo Méndez se convirtió en el primer latinoamericano, el primer cubano y la primera persona de ascendencia africana en viajar al espacio, a bordo de la misión Soyuz 38, en el marco del programa soviético Intercosmos. Nacido en Guantánamo en 1942, fue piloto de combate y coronel del ejército cubano antes de ser seleccionado como cosmonauta [Wikimedia Commoms].

Tuvo que estudiar y trabajar al mismo tiempo para sostener a su familia. Durante la dictadura del general Fulgencio Batista, participó en varias manifestaciones estudiantiles contra el régimen. Tras el triunfo de la revolución cubana, el 1 de enero de 1959, prosiguió sus estudios y se preparó su incorporación a la Fuerza aérea. Siguió el entrenamiento para pilotar el caza MiG-15 en la Unión Soviética, con solo 19 años. El 24 de julio de 1961 tendrá lugar un acontecimiento que cambiará la vida de Arnaldo Tamayo para siempre: Yuri Gagarin visita La Habana y durante su discurso dice: «Llegará un día en que un hijo del pueblo cubano viaje también al cosmos».

Viajar al espacio se convirtió en obsesión para Tamayo. Durante la Crisis de los Misiles en 1962, Arnaldo participó en numerosas misiones de reconocimiento, con el objetivo de interceptar aviones enemigos. Contrajo matrimonio con Maira Lovaina en 1967, y de su matrimonio nacerán dos hijos. En 1971 se convierte en profesor de la Escuela Superior de las Fuerzas Armadas Revolucionarias Antonio Maceo Grajales. Durante el tiempo en el que prestó servicio en la Fuerza Aérea Cubana alcanzó el grado de piloto de primera clase y, posteriormente, el de piloto instructor.

En 1975 fue nombrado jefe de Estado Mayor de la Brigada de Aviación y en 1976 alcanzó el grado de teniente coronel. Pero la mayor ilusión de Tamayo era convertirse en cosmonauta y el programa ruso-cubano Intercosmos contemplaba como requisitos ser piloto con experiencia, sin historial de accidentes aéreos por errores propios, dominar el idioma ruso y tener entrenamiento militar.

Seiscientos fueron los candidatos iniciales. En una primera selección fueron elegidos 70; en segunda, 40; en tercera, 21; en cuarta, 9; en quinta, 4. Finalmente, la comisión ruso-cubana eligió a Arnaldo Tamayo como primer piloto y al también cubano José López como segundo piloto en marzo de 1978.

Ambos serían trasladados a la Ciudad de las Estrellas, en las cercanías de Moscú, para someterse a un duro entrenamiento como cosmonautas. Tras finalizarlo, Tamayo sería elegido miembro de la tripulación de la Soyuz-38 con destino a la Estación Orbital Salyut-6. A las 19.11 horas locales del 18 de septiembre de 1980 tuvo lugar el despegue del cohete portador desde el cosmódromo kazajo de Baikonur llevando a bordo a Arnaldo Tamayo y al cosmonauta soviético Yuri Romanenko. Leonid Popov y Valeri Riumin les esperaban en la Estación Orbital.

Casi de inmediato, Tamayo dio comienzo a los trabajos de investigación que le había encargado la Academia de Ciencias de su país. Comprendían áreas tales como medicina, biología, física, psicología y geología. El 26 de septiembre de 1980, a las 15.54 horas de Moscú, aterrizó la nave Soyuz en los alrededores de la ciudad kazaja de Zhezkazgan. Tamayo había orbitado la Tierra 128 veces, para una permanencia total en el espacio de 7 días, 20 horas, 43 minutos y 24 segundos.

Tras su histórico vuelo, fue condecorado por Fidel Castro con la primera medalla honorífica de Héroe de la República de Cuba y Tamayo se convirtió en una figura de una gran relevancia política. Por recomendación del propio Fidel Castro se le prohibió volver a volar a los mandos de aviones de combate, por el riesgo que ello implicaba. Nombrado de inmediato diputado de la Asamblea Nacional, en la actualidad es presidente del Grupo Parlamentario de Amistad Cuba-Rusia y de la Asociación de Amistad Cuba-Rusia.

El 26 de octubre de 1987, Tamayo y su colega Romanenko establecieron el primer radio-puente entre Cuba y el espacio exterior con científicos y periodistas cubanos a través de un enlace radial que enlazaba al complejo orbital Mir, donde Romanenko cumplía su tercera misión espacial al tiempo que establecía un nuevo récord de permanencia. Ascendido a general, en la actualidad es el Jefe del Departamento de Relaciones Exteriores de las Fuerzas Armadas Revolucionarias y director de la Protección Civil de Cuba.

El 12 de septiembre de 1992, a bordo del transbordador espacial Endeavour, Mae Jemison se convirtió en la primera mujer afroamericana en viajar al espacio. Ingeniera, médica y astronauta de la NASA, Jemison rompió barreras tanto científicas como culturales, inspirando a nuevas generaciones a imaginarse en la exploración espacial. La imagen fue tomada por la NASA el 1 de julio de 1992.

Entre los muchos reconocimientos que atesora se encuentran, amén de la medalla de Héroe de la República de Cuba, la Orden de Lenin y Héroe de la Unión Soviética.

Pero si complicado fue llevar al espacio a un hombre de raza negra, más complicado aún se antojaba llevar a una mujer. La primera en conseguirlo fue la norteamericana Mae Jemison. Nacida en Decatur (Alabama) el 17 de octubre de 1956, en el seno de una familia trabajadora. El padre, Charlie, era supervisor de mantenimiento de una organización benéfica; la madre, Dorothy, trabajó la mayor parte de su vida como maestra de escuela en Chicago.

La familia vivió primero en Woodlawn y más tarde en Morgan Park, ambos barrios humildes de Chicago. Mae tenía claro desde la infancia que ella quería estudiar ciencia y soñaba con volar al espacio. Fan desde muy joven de la serie *Star Trek*, el personaje interpretado por la también afroamericana Michelle Nichols avivó esa llama. Se interesó tempranamente por la naturaleza y la fisiología humana, registrando gran número de observaciones. A pesar del apoyo incondicional de sus padres, no siempre contó con el de sus maestros.

En primer curso de primaria ya comunicó a su maestra su intención de estudiar ciencias, pero esta entendió que quería ser enfermera. Siendo una niña recuerda que no había presencia femenina en las misiones Apolo y eso le irritaba terriblemente. Enamorada de la danza desde que era niña, comenzó a estudiar ballet a los ocho años. A los doce, y ya en el instituto, entró a formar parte de un equipo de animadoras y de un club de danza moderna. Aprendió jazz y otros estilos, no despreciando los bailes africanos ni los asiáticos. De su habilidad para el baile habla por sí solo el hecho de que a los 14 años se presentara a una audición para el papel de María en el musical *West Side Story*, aunque no fuera seleccionada.

Tras finalizar sus estudios de secundaria, consiguió una beca para ingresar en la Universidad de Stanford, a los 17

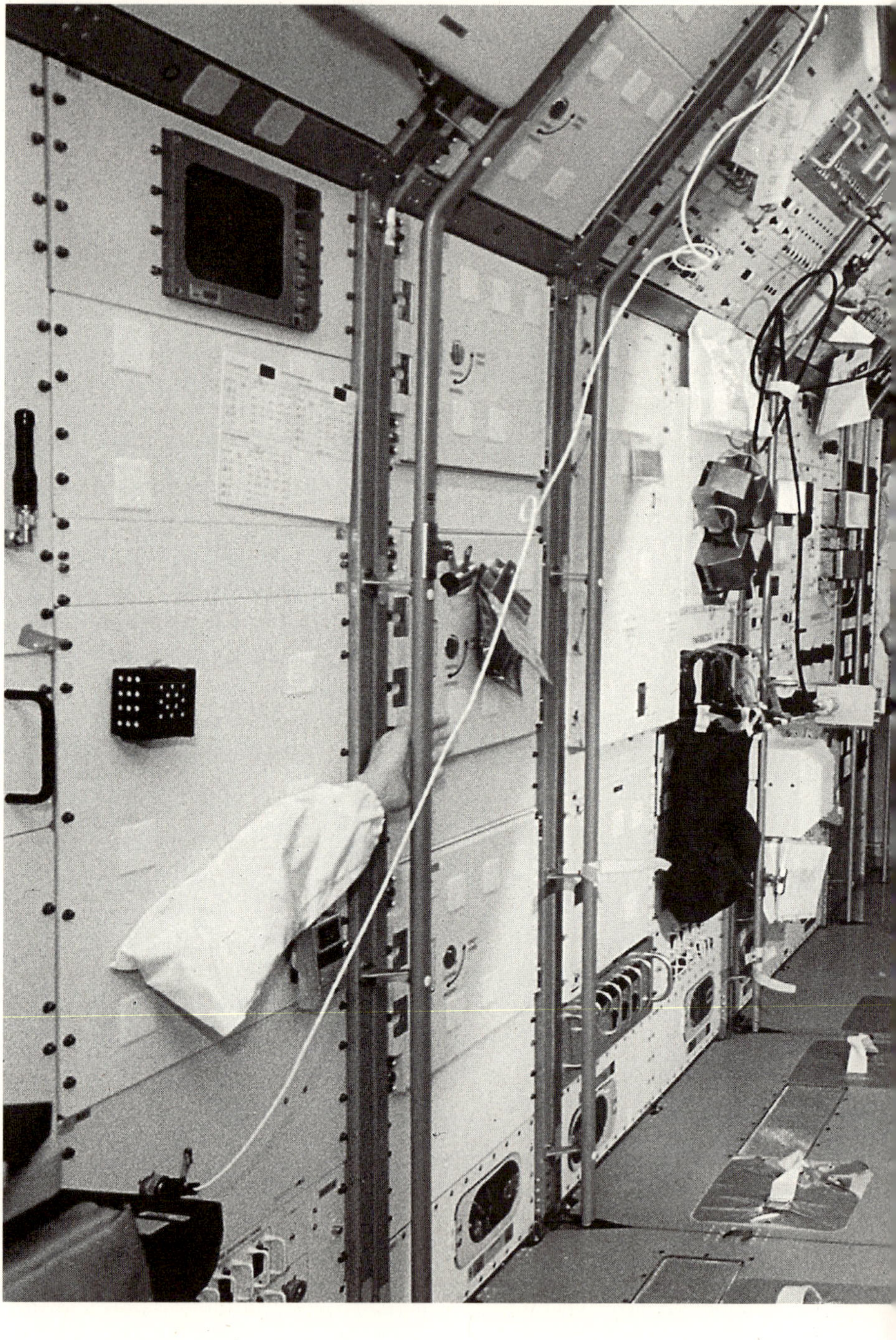

Mae Jemison a bordo del módulo científico en el Endeavour (1992) [NASA].

años. En aquella época había muy pocos estudiantes negros en Stanford y Jemison denunció discriminación por parte de sus maestros. En una entrevista concedida en 2008, Jemison manifestó que le fue difícil el ingreso en Stanford a una edad tan temprana pero su arrogancia le sirvió. En la entrevista llega a afirmar que «un poco de arrogancia es una necesidad para que las mujeres y las minorías tengan éxito en una sociedad dominada por hombres blancos».

En Stanford, Jemison luchó activamente por los derechos civiles, dirigiendo la Unión de Estudiantes Negros. También dio rienda a su vena artística coreografiando una producción musical que llevó el título de *Out of the Shadows*. Durante su último año en la universidad tuvo que optar entre ingresar en la Escuela de Medicina o seguir una carrera profesional como bailarina. Finalmente, optó por continuar con sus estudios de medicina en la Universidad de Cornell, donde finalmente se graduaría.

Entre 1983 y 1985 ejerció como médica en los Cuerpos de Paz desplegados en Liberia y Sierra Leona. Su trabajo consistía en la supervisión de la farmacia, el laboratorio y el personal médico, así como la atención médica directa, la redacción de manuales de autocuidado, y el desarrollo de guías de sanidad y seguridad. Durante esta época colaboró con el Centro de Control de Enfermedades en la investigación de varias vacunas.

No en pocas ocasiones tuvo que dar muestras de sus conocimientos y su autoridad. En una ocasión, un voluntario fue diagnosticado erróneamente de malaria. Se le aplicó el tratamiento para esa enfermedad y no hizo más que empeorar. Jemison cambió el diagnóstico: se trataba de una meningitis con una serie de complicaciones, imposible de tratar en Sierra Leona. Mae solicitó el traslado del paciente en un avión medicalizado de las Fuerzas Aéreas con base en Alemania. El coste de la operación ascendía a 80 000 dólares, lo que provocó el enfrentamiento con sus superiores.

La embajada cuestionó su autoridad para solicitar este traslado y ella respondió que como médico no tenía que responder ante nadie de una decisión médica. Acompañó al enfermo en su traslado y consiguieron salvarle la vida. A su regreso a Estados Unidos continuó ejerciendo como médica y siguió con sus estudios de ingeniería. Sus sueños de pequeña y las hazañas de Sally Ride (la primera norteamericana en el espacio) y Guion Bluford (el primer afroamericano), empujaron a Jemison a solicitar su ingreso en la NASA en otoño de 1985. La tragedia del Challenger, en 1986, retrasó su incorporación.

Volvió a intentarlo en 1987 y fue una de los quince de entre los dos mil candidatos presentados. Antes de la que sería su única misión espacial participó en tareas de supervisión y preparación de despegue de otras misiones. Su misión espacial tuvo lugar entre el 12 y el 20 de septiembre de 1992. Se trataba de una misión conjunta con Japón, que suponía la número 50 de los transbordadores espaciales. Ejerció como especialista científica y llevó a cabo una serie de experimentos científicos sobre mareos durante los vuelos y la pérdida de masa ósea en el espacio, entre otros.

Entre los objetos personales que Jemison llevó al espacio se encontraban objetos artísticos de los países africanos donde trabajó y una foto de Bessie Coleman, la primera afroamericana con licencia de vuelo. A lo largo de los ocho días comenzó a comunicarse con el saludo «Frecuencias de llamada abiertas», un homenaje a *Star Trek*.

Abandonó la NASA en 1993, contra el criterio de su instructor, quien pensaba que la Agencia había invertido mucho en su formación, y entendía como una traición que la abandonara para fundar su propia empresa, The Jemison Group, una consultora dedicada a medir y aumentar el impacto sociocultural del diseño y desarrollo tecnológicos. Otra de sus creaciones es la Dorothy Jemison Foundation for Excellence, en homenaje a su madre, y que organiza el campamento The Earth We Share, para niños de entre 12 y 16 años, a los que se anima a pensar en temas globales, como la superpoblación o el calentamiento global.

Todas estas iniciativas responden al interés de Mae Jemison por fomentar el espíritu crítico, potenciar el desarrollo social a través del progreso científico y tecnológico y atraer a los más jóvenes hacia estas áreas del conocimiento.

CHALLENGER, LA TRAGEDIA QUE LO CAMBIÓ TODO

Richard Feynman, notable físico galardonado con el Premio Nobel, fue quien descubrió el motivo de la explosión en el transbordador Challenger el 28 de enero de 1986, que acabó con la vida de sus siete tripulantes. Se trata de la mayor tragedia de la era espacial, una tragedia retransmitida en directo y que dejó conmocionado al mundo entero. A los 73 segundos del lanzamiento se formó un terrorífico caos de humo, fuego y gases. Seis astronautas y una profesora de secundaria componían su tripulación.

Las imágenes de la tragedia están grabadas en la memoria colectiva de todos quienes tuvieron la desdicha de contemplarla a través de la televisión, y de los que, por avatares del destino, la contemplaron en directo. Una tragedia a la que no se encontraba una explicación que contentara a todo el mundo. Hubo todo tipo de conjeturas, acusaciones cruzadas y el riesgo real del derrumbe de la NASA y de su programa espacial. Casualidades del destino, la tragedia acaeció en plena Guerra de las Galaxias del presidente Reagan.

El físico norteamericano Richard Feynman, una de las grandes figuras científicas del pasado siglo, y considerado uno de los diez grandes físicos más importantes de la historia, con fama de honesto e impermeable a la política, fue elegido por la Comisión Rogers para investigar las causas de la tragedia. Quizás los políticos pensaron que ya no tendría

La impactante imagen de la estela del Challenger (STS-51-L) segundos después de su desintegración el 28 de enero de 1986. La explosión, resultado de un problema con una junta tórica, dejó una marca visual difícil de creer para quienes presenciaban el lanzamiento en persona o por televisión, acostumbrados a la rutina de los exitosos vuelos anteriores [Kennedy Space Center].

la energía de su juventud y sucumbiría al poder de la mayoría, pero era imprescindible que estuviera en la Comisión, ningún científico tenía su prestigio y era tan conocido por el gran público.

Poco se imaginaban que Feynman no había perdido ni un ápice de su vocación por la verdad, que seguía siendo inmanejable. El físico se tomó su tiempo para entender el problema, para conocer el funcionamiento del transbordador y para conocer a fondo los tiempos de la propia Comisión. Quizás hay un antecedente clave en su trayectoria personal para entender sus movimientos en la misma: en su juventud fue convocado para el Proyecto Manhattan, el que desarrolló las bombas atómicas de Hiroshima y Nagasaki.

Allí participó en varios grupos de investigación diferentes, gracias a su ductilidad y curiosidad. Presenció la prueba de explosión en Trinity y fue el único de los presentes que prefirió no usar gafas especiales porque se sabía protegido por el parabrisas del vehículo en el que estaba. En el célebre laboratorio de Los Álamos estaba solo, su esposa estaba enferma (moriría poco después) y cada cierto tiempo viajaba a verla. Uno de esos viajes le iba a traer problemas; un compañero le prestó el coche y resultó ser un espía soviético. Afortunadamente, Feynman pudo demostrar que no tenía nada que ver con el espionaje.

Más allá de la fabricación de la bomba, el laboratorio ofrecía escasas posibilidades de distracción. Feynman se burlaba de las medidas de seguridad y abrir cerraduras y descifrar claves de puertas se convirtió en su pasatiempo favorito. Feynman decidió participar en el proyecto Manhattan porque tenía la absoluta convicción de que era la única manera de parar a Hitler. Cuando fue consciente de los daños provocados por las bombas de Hiroshima y Nagasaki cayó en una depresión, agravada por el fallecimiento de su esposa.

La enseñanza que obtuvo Feynman de esta experiencia fue que cualquier proyecto de esa magnitud debe saber lidiar con los componentes y las presiones políticas del caso. No

UNITED STATES
UNITED STATES

7 de marzo de 1986. Alton Keel (izquierda), representante de la Oficina Ejecutiva del Presidente, y William Rogers (centro), presidente de la Comisión Presidencial que investigó el desastre del Challenger, llegan al teatro Galaxie del Centro de Visitantes del Centro Espacial Kennedy [NASA].

solo basta con tener la verdad, sino también tejer las alianzas necesarias para ser escuchado. Esta comisión fue creada por el presidente Reagan para investigar las causas del accidente del Challenger. Estaba presidida por William Rogers, antiguo secretario de Estado y político con una gran reputación. Reagan ordenó a Rogers que protegiera a la NASA.

Muy pronto, Feynman se dio cuenta de que más que aclarar las cosas, la comisión tenía por objeto encubrir y culpar a la fortuna del desastre. Entre otras cuestiones, Feynman concluyó que el lanzamiento el 28 de enero, a pesar de las malas condiciones climatológicas y de los sucesivos retrasos, se debió a motivos políticos y no técnicos. El Congreso norteamericano necesitaba impactar para seguir inyectando fondos en un programa tan ambicioso como el de los transbordadores.

Sus lanzamientos se habían convertido en algo rutinario y despertaban ningún tipo de interés. En ese contexto se pensó que sería interesante incluir entre los tripulantes a alguien que no fuera astronauta. Se pensó en un maestro o profesor, o maestra o profesora, y tras una selección entre once mil candidatos resultó elegida Christa McAuliffe, profesora de secundaria en New Hampshire, casada y con dos hijos, y daría clases desde el espacio. Feynman fue especialmente crítico con este aspecto, que consideraba una concesión al espectáculo.

Para que sus puntos de vista fueran tenidos en cuenta, Feynman tuvo que transitar ese pantanoso terreno que es la política. El Premio Nobel sondeó a los otros integrantes de la comisión para saber quiénes podían ser sus aliados. Su paso por el Laboratorio de Los Álamos le hizo aproximarse al general Donald Kutyna. Descubrió en el militar un sentido del honor ancestral. Se fue acercando a él con prudencia hasta que ambos pudieron expresar sus sospechas con tranquilidad. Diseñaron una estrategia que pasaba por un golpe de efecto contundente.

De esto se encargó Feynman. Durante una audiencia televisada, en medio del testimonio de un directivo de la NASA, el físico tomó la palabra. Sin usar un tono acusador, y de forma incluso amable, Feynman esperó su oportunidad. Agarró una gomilla elástica de goma, probablemente para el pelo, la sumergió en un vaso con agua helada. Pasado un rato, y mientras continuaba su interrogatorio al testigo, Feynman metió dos dedos en el vaso y sacó la gomilla. El frío la había puesto rígida, había perdido su flexibilidad. Con este simple experimento, Feynman convenció a millones de personas de que el accidente del Challenger tuvo su origen en las juntas tóricas, unas piezas que debían sellar compartimentos, pero que el frío vuelve rígidas. Al fallar este sellamiento, la fuga de oxígeno y de hidrógeno provocó un incendio que hizo deflagrar el tanque de combustible y, finalmente, la desintegración de la nave.

Lo peor de todo es que varios científicos habían advertido de esta amenaza solicitando el aplazamiento de la misión ante las heladas que se estaban sucediendo en Cabo Cañaveral, y no se les prestó atención. La política se antepuso a la ciencia. La NASA debía cumplir con un apretado calendario de misiones y la Casa Blanca deseaba que durante el discurso anual del Estado de la Nación hubiera una nave más en el espacio.

Richard Feynman obligó a que en el informe final de la Comisión Rogers se incorporara un texto bajo la amenaza de no suscribirlo: «Para una tecnología exitosa, la realidad debe prevalecer sobre las relaciones públicas; la naturaleza no puede ser engañada».

Feynman moriría a causa de un cáncer a los 69 años. Sus últimas palabras fueron: «No me gustaría volver a morir. Esto es demasiado aburrido».

La tragedia del Challenger, al margen de las cuestiones técnicas y políticas, tuvo un claro componente humano. Se perdieron siete vidas, a las cuales rendimos tributo.

NASA
EL. ONIZUKA
NASA
NASA
MIKE SMITH
USA

Los siete miembros de la tripulación del STS-51L: (fila delantera, de izquierda a derecha) Michael J. Smith, Francis R. Scobee, Ronald E. McNair; (fila trasera, de izquierda a derecha) Ellison S. Onizuka, S. Christa McAuliffe, Gregory B. Jarvis y Judith A. Resnik. Derecha: El parche de la misión STS-51L, con la manzana roja simbolizando el programa *Teacher in Space* de McAuliffe [NASA].

MICHAEL J. SMITH era el piloto a bordo del transbordador. Era su primer vuelo como astronauta. La tragedia puso fin a una brillante carrera como piloto de la Marina. Su voz fue la última que se escuchó del transbordador justo antes de la explosión, respondiendo al Control de la Misión: «Acelere».

Había nacido el 30 de abril de 1945 en Beaufort, Carolina del Norte. Asistió a la Escuela Secundaria East Carteret y aprendió a volar aún siendo adolescente. Se inscribió en la Academia Naval de los Estados Unidos en Annapolis (Maryland), licenciándose en Ciencias Navales. Tras graduarse, se formó como aviador naval y se convirtió en instructor de vuelo antes de aceptar destino en Vietnam, donde participó en varias acciones de combate.

Tras cumplir su servicio en Vietnam, regresó a Estados Unidos e ingresó en la Escuela de Pilotos de Pruebas Navales. Trabajó con aviones emergentes y sistemas de guía de misiles de crucero. Se convirtió en instructor de vuelo antes de partir al Mediterráneo para cumplir dos períodos de servicio a bordo del USS Saratoga. Registró 4867 horas de vuelo, pilotando durante ellas 28 tipos diferentes de aviones.

Tras este periplo decidió participar en las pruebas de selección de astronautas de la NASA, siendo seleccionado en 1980. Durante cinco años entrenó y trabajó en varias especialidades de la Agencia, centrándose en operaciones de vuelo, aterrizajes nocturnos y otras áreas. También figuraron entre sus tareas la dirección del Laboratorio de Integración de Aviónica del transbordador espacial. Smith fue seleccionado, finalmente, para ser el piloto del STS-51L, a bordo del transbordador espacial Challenger, que fue su primer vuelo al espacio, y desgraciadamente el único del que no regresó.

En lo relativo a su vida personal, Smith era un tipo atlético que practicaba tenis, squash, fútbol y boxeo. Hombre familiar, se casó poco después de ingresar en la Academia Naval y confesó a sus amigos que, aunque le apasionaba la Marina, su empleo en la NASA le permitiría estar más tiempo con su familia. Al igual que el resto de sus compañeros del

Challenger tiene un reconocimiento en el muro del Centro de Visitantes del Centro Espacial Kennedy. A título póstumo se le concedió la Medalla Espacial del Congreso.

FRANCIS R. SCOBEE, era el comandante de la misión. Nacido el 19 de mayo de 1939. Disfrutaba volando y tenía pasión por la pintura, la carpintería, el motociclismo, y los caballos. Se alistó en la Fuerza Aérea en 1957, formándose como mecánico de motores alternativos, empleándose en la Base Kelly, de la Fuerza Aérea, en Texas. Durante su estancia en esta base militar asistió a la escuela nocturna y allí adquirió dos años de crédito universitario, lo que le permitió ser elegido para el Programa de Educación y puesta en servicio del aviador.

Se graduó en la Universidad de Arizona, licenciándose en Ingeniería Aeroespacial. Después de recibir sus alas en 1966 estuvo inmerso en misiones de combate en Vietnam. A su regreso a Estados Unidos, asistió a la escuela de pilotos de investigación aeroespacial de la Fuerza Aérea en la Base Edwards, California. Tras graduarse en 1972 participó en programas de prueba en los que voló en aviones como el Boeing 747 y supersónicos.

Con el grado de teniente coronel fue seleccionado como candidato a astronauta en enero de 1978. Completó un período de entrenamiento de un año lo que le hacía apto para pilotar los transbordadores espaciales. Voló como piloto del STS 41-C que se lanzó desde el Centro Espacial Kennedy el 6 de abril de 1984. Durante esta misión el equipo, entre otras cosas, desplegó con éxito la instalación de exposición de larga duración. El transbordador espacial permaneció en el espacio durante siete días antes de aterrizar en la Base Edwards de la Fuerza Aérea, en California.

RONALD MCNAIR, nacido el 21 de octubre de 1950 en Lake City (Carolina del Sur). Siguió estudios de primaria y secundaria en su ciudad natal; más tarde se licenció en Física por la Universidad de Carolina del Norte (1971), doctorándose más tarde en el Instituto de Tecnología de Massachusetts (1976). Obtuvo, más tarde, un doctorado honorario en Leyes, también en la Universidad de Carolina del Norte, otro en Ciencias en el Morris College, y otro en Ciencias por la Universidad de Carolina del Sur. Durante su estancia en el MIT, McNair trabajó en el desarrollo de láseres de alta presión. En 1975 estudió física de láser con reconocidos científicos de este campo en la Escuela de Física Teórica de Les Houches (Francia).

Una vez graduado en el Instituto Tecnológico de Massachusetts, ingresó como físico en los Laboratorios Hughes, en California. Trabajó en este centro en el desarrollo de láseres para separación isotópica y fotoquímica, y en modulación electro-óptica láser para comunicaciones entre satélites. Fue miembro de numerosas instituciones académicas y de investigación.

Como estudiante y deportista obtuvo numerosas distinciones. En 1978 fue seleccionado por la NASA como candidato a astronauta y completó su entrenamiento en agosto de 1979, pasando a estar disponible como especialista de misión para cualquier misión del transbordador espacial. Su primer vuelo fue la misión STS 41-B a bordo del Challenger. El lanzamiento tuvo lugar el 3 de febrero de 1984 desde el Centro Espacial Kennedy, en Florida. Además de McNair, integraban la misión Vance Brand, como comandante; Robert Gibson como piloto; y como compañeros especialistas de misión Bruce McCandless y Robert Stewart.

La misión cumplió con el objetivo de desplegar dos satélites Hughes 376, además de evaluar sensores de encuentro orbital y programas de computador. La particularidad de esta misión consistió en que fue la primera en utilizar el brazo canadiense, operado por McNair, con la finalidad de ubicar a un tripulante en actividad extravehicular. También se puso en órbita el satélite alemán SPAS-01 y McNair estuvo a cargo de un importante número de experimentos. El Challenger retornó a la Tierra el 11 de febrero de 1984, por vez primera en el Centro Espacial Kennedy. McNair completó un total de 191 horas de vuelo.

Designado como especialista de misión en la STS 51-L del Challenger, pereció junto a sus compañeros el 28 de enero de 1986. McNair era saxofonista, y de tal calidad, que trabajó con el célebre compositor Jean-Michel Jarre en una obra titulada *Rendez-vous VI*. Estaba previsto que grabara en el espacio un solo de saxofón, que hubiera sido la primera pieza musical grabada en el espacio.

CHRISTA MCAULIFFE. Nacida en Boston (Massachusetts), el 2 de septiembre de 1948. Era la mayor de cinco hijos y se mudaron a Framingham cuando era muy pequeña. Cursó estudios en la Escuela de Secundaria Marian y se graduó en 1966; allí conocería a su marido, Steve McAuliffe. En Framingham terminaría graduándose en Historia (1970), casándose ese mismo año. Se mudaron a Washington D.C. donde Steve comenzaría sus estudios de Derecho y Christa comenzaría a dar clase de Historia de los Estados Unidos. Al mismo tiempo comenzaría un máster en Administración Escolar en la Universidad Estatal de Bowie, que terminaría en 1978.

Con posterioridad se mudarían a Concord, donde Steve comenzaría a trabajar en la Oficina del Fiscal General del Estado y Christa tendría a su segundo hijo, una niña. Tras la llegada al mundo del segundo hijo, Christa decide abandonar su trabajo y dedicarse a criar a sus pequeños. En 1984 tuvo noticia de la intención de la Agencia Espacial Norteamericana de enviar un educador al espacio, siendo animada por todo su entorno. Hasta el último momento no se decidió a plantear su candidatura e incluso tras ser proclamada finalista dudó mucho de su capacidad frente a otros colegas a los que consideraba mejor preparados. Finalmente, fue elegida entre 11 500 solicitantes. Iba a hacer historia: el primer maestro en el espacio.

Christa comenzó su preparación en el Centro Espacial Johnson (Houston) en el mes de septiembre de 1985. A pesar de sus dudas con respecto a la acogida que iban a dispensarle sus compañeros astronautas, esta fue muy positiva y fue tratada como una más del equipo. Con todos ellos se entrenó para una misión a primeros de 1986. A ella se debe la siguiente reflexión: «Mucha gente pensó que todo había terminado cuando llegamos a la Luna. Pusieron el espacio en un segundo plano. Pero la gente tiene una conexión con los maestros. Ahora que se seleccionó un maestro, están comenzando a ver los lanzamientos nuevamente».

El plan previsto era que Christa impartiera un conjunto de lecciones especiales de ciencia desde el espacio. Ella misma planeaba llevar un diario de su aventura. A este respecto señaló: «Esa es nuestra nueva frontera, y es asunto de todos saber sobre el espacio». Desgraciadamente esos planes quedaron truncados. Dos de las lecciones que Christa pensaba impartir versaba, la primera, sobre la vida a bordo, sobre sus compañeros, y la segunda, se habría centrado en los vuelos espaciales.

Pero el legado de Christa McAuliffe ha trascendido a su muerte. Los astronautas de la Estación Espacial Internacional Joe Acaba y Ricky Arnold anunciaron planes para utilizar las lecciones a bordo de la Estación que cubrían experimentos con líquidos, efervescencia, cromatografía y leyes de Newton.

ELLISON ONIZUKA. Nació con el nombre de Onizuka Shoji en Kalea Kekua, en la Isla Grande de Hawái, el 24 de junio de 1946. Tuvo dos hermanas y un hermano. Boy Scout, asistió a la Escuela Secundaria Konawaena y repitió con frecuencia que soñaba con volar a las estrellas que veía desde su isla. Se marchó al continente para estudiar ingeniería en la Universidad de Colorado, donde se licenció en 1969 y poco después obtendría un máster.

Ese año 1969 es también el año de su matrimonio con Lorna Leiko, del que nacieron dos hijas. Tras graduarse, Onizuka se unió a la Fuerza Aérea de Estados Unidos, donde trabajó como ingeniero de pruebas de vuelo y piloto de pruebas. También trabajó en el campo de la ingeniería de seguridad de sistemas para varios modelos de aviones supersónicos. Como piloto alcanzó las 1700 horas de vuelo. Durante su época en la Fuerza Aérea se entrenó en el Centro de Pruebas de Vuelo en la Base Aérea Edwards, en California.

Ellison Onizuka abandonó la Fuerza Aérea tras ser seleccionado como astronauta por la NASA; lo hizo con el grado de teniente coronel. En la Agencia trabajó en el equipo de integración aviónica del transbordador y mientras este estaba en el espacio, en la gestión de cargas útiles en órbita. Su primer vuelo espacial tuvo lugar con la misión STS 51-C, a bordo del Discovery, en 1985. Se trataba de una misión ultrasecreta para lanzar una carga útil del Departamento de Defensa; fue la primera misión clasificada de los transbordadores.

La misión completó 48 órbitas para un total de 74 horas en el espacio, convirtiendo a Onizuka en el primer asiático-estadounidense en el espacio. La mayoría de sus compañeros de la NASA lo recuerdan como un auténtico explorador. Dotado de un gran sentido del humor y un referente para los más jóvenes, a los que alentaba a usar su imaginación. Un asteroide ha sido bautizado con su nombre y el aeropuerto internacional de Isla Grande, donde nació, lleva su nombre.

JUDITH RESNIK. Nació el 5 de abril de 1949, en Akron (Ohio), de padres judíos que la educaron en una estricta observancia de su fe, tanto es así que Judith estudió hebreo durante su infancia. Desde muy pequeña se interesó por la música, expresando su deseo de convertirse en concertista de piano. Sus biógrafos la definen como una niña de mente muy fuerte, brillante, disciplinada y talentosa en todo lo que se proponía hacer. Asistió a la Firestone High School, graduándose con el expediente más brillante de su clase. Teniendo ya plaza reservada en la prestigiosa Juilliard School of Music de Nueva York, decidió estudiar matemáticas en la Universidad Carnegie Mellon, y durante su estancia en esta universidad empezó a estudiar ingeniería eléctrica, doctorándose en esta materia en 1977. Sus estudios y, posteriormente su trabajo, la absorbieron por completo. Estuvo brevemente casada con un compañero de estudios, divorciándose en 1975. No tuvo hijos.

The Dream is Alive es un documental IMAX de 1985 que transportó al público a la emoción y la maravilla del programa del Transbordador Espacial de la NASA. Narrado por la icónica voz de Walter Cronkite y dirigido por Graeme Ferguson, el filme utilizó el formato inmersivo del IMAX para mostrar los lanzamientos, los delicados trabajos en órbita (como el despliegue del LDEF y la reparación del Solar Max) y los impresionantes aterrizajes, ofreciendo una perspectiva única de la aventura humana en el espacio.

Durante sus estudios de posgrado trabajó en el gigante de la electrónica RCA, embarcándose en proyectos de radares y misiles para el ejército. Sus trabajos de investigación llamaron la atención de los responsables de la NASA y resultaron fundamentales para su selección como astronauta. Resnik no solo investigó sobre electrónica, también cursó estudios de ingeniería biomédica en los Institutos Nacionales de Salud norteamericanos, interesándose particularmente en los sistemas de visión.

No desaprovechó el tiempo Resnik; durante los estudios de posgrado también consiguió graduarse como piloto profesional de aeronaves y pilotó aviones del modelo T-30 Talon de la NASA. Trabajó en California en los años previos al proceso de selección que le permitió ingresar en la Agencia. A los 29 años se convirtió en astronauta, una de las seis mujeres aceptadas en el programa. A partir de ese momento siguió un riguroso entrenamiento y refirió en numerosas ocasiones la influencia que tuvo la actriz Michelle Nichols, de *Star Trek*, en su decisión de unirse a la NASA.

En su formación como astronauta prestó especial atención a las operaciones de brazos robóticos, así como al despliegue de experimentos en órbita y sistemas de paneles solares. Ya sobre el terreno se centró en los sistemas de satélites atados, los sistemas de control manual de naves espaciales y las aplicaciones de software para los sistemas de manipulación remota.

Su primer vuelo tuvo lugar a bordo del transbordador espacial Discovery, vuelo inaugural de esta nave espacial. Esta misión la convirtió en la segunda estadounidense en el espacio. Una película de formato IMAX, *The Dream is Alive*, que tenía como argumento la vida cotidiana en el transbordador, la inmortalizó profundamente dormida con su larga cabellera suelta. En sus breves 37 años registró 144 horas y 57 minutos en órbita.

A pesar de lo intenso de su vida académica y profesional, Resnik aún tuvo tiempo para dedicarlo a sus dos grandes pasiones: la cocina y las carreras de coches. Tras su muerte, a bordo del Challenger, fueron numerosos los homenajes que se le tributaron. Uno de los más emotivos fue el de bautizar un cráter lunar con su apellido.

GREGORY JARVIS. Nació en Detroit (Michigan) el 24 de agosto de 1944. Apasionado del deporte desde muy joven, también fue un consumado melómano, auténtico virtuoso de la guitarra clásica. Cursó estudios en la Universidad Estatal de Nueva York, graduándose en ingeniería eléctrica en 1967. En 1968 contrajo matrimonio con Marcia Jarboe, matrimonio del cual no hubo descendencia, pero con ella compartió vida y aficiones, como la del ciclismo de larga distancia. Con posterioridad obtuvo un máster en Northeastern. Tras su graduación, sirvió en la Fuerza Aérea durante cuatro años, alcanzando el grado de capitán. En 1973 fue contratado por la Hughes Aircraft Company, donde trabajó como ingeniero en varios programas satelitales. Tras esta experiencia profesional, trabajó como ingeniero del programa MARISAT, que tenía por objeto el despliegue de un conjunto de satélites de comunicaciones marítimas. Especializado ya en sistemas de comunicaciones para uso militar, fue contratado por el Laboratorio de Programas Avanzados para trabajar en los sistemas LEASAT, creados por la división espacial del gigante Hughes.

En 1984 participó en un proceso de selección para especialistas en carga útil de la NASA en el que tomaron parte cerca de 600 ingenieros de Hughes. Fue aceptado por la NASA y catalogado como especialista en carga útil ese mismo año, lo que le capacitaba para vuelos de transbordadores espaciales. Se interesó especialmente por los efectos de la ingravidez en los fluidos. Su primer vuelo estaba previsto para 1985, pero la política se interpuso en sus planes, y el senador Jake Garn, deseoso de volar al espacio, ocupó su lugar. Otro político con ansias de viajar al espacio, Bill Nelson, obligó a posponer el primer vuelo de Jarvis hasta 1986. A la postre, Nelson se convertiría en director de la NASA.

Fue asignado como especialista en carga útil a la misión STS-51L, a bordo del transbordador Challenger. La tarea que se le había encomendado era probar la reacción de los propulsores de los satélites a las maniobras del transbordador. Falleció junto a sus seis compañeros en la explosión de la nave.

Estos siete astronautas encontraron la muerte a bordo de un monstruo de acero y aluminio dotado de los más exquisitos elementos técnicos, llamado a conquistar el espacio. El hecho de que un fallo en una junta de goma provoque una catástrofe de tales dimensiones resulta irónico. Unas juntas llamadas tóricas, de goma reforzada con acero y que deben asegurar que cualquier fluido no pueda mezclarse con otro; es decir, que quede sellado. Presente en los equipamientos de los submarinos, evitan todo tipo de filtraciones. En el caso del transbordador, deberían haber mantenido estancos a los dos enormes tanques de combustible de la nave, de cuarenta y cinco metros de alto y tres y medio de diámetro.

Durante el despegue el impulsor derecho de la nave dejó escapar humo negro: sucedió nueve veces en el lapso de dos segundos. Las investigaciones posteriores han permitido ver cómo la nave cabeceaba un metro de lado a lado. El combustible de los tanques estaba enriquecido con viruta de aluminio y, según sugirieron luego los investigadores, esa viruta pudo sellar de manera precaria la fisura abierta, o el principio de fisura abierta en el tanque derecho del Challenger, con lo que una casualidad retrasó unos segundos la tragedia.

Al cabo de un minuto, el Challenger atravesó una fuerte corriente de aire y se desestabilizó, probablemente la causa de la abertura definitiva de la junta tórica. En ese momento, una columna de fuego escapó del cohete impulsor, que se balanceó y golpeó el ala derecha del transbordador, quedando al pairo. Poco después del minuto del despegue todo se incendió y el vehículo se desintegró casi en su totalidad, salvo la cabina que alojaba a los astronautas.

La cabina, así como los cohetes impulsores, eran las partes más robustas del Challenger. Segundos más tarde estallaron los cohetes y la cabina siguió como un proyectil, emergiendo de las nubes a veinte kilómetros de altura. El descenso, vertiginoso, duró tres minutos; los tripulantes del Challenger no sobrevivieron al impacto con el Atlántico. La comisión investigadora concluyó que difícilmente los astronautas llegaron conscientes a ese impacto. Sin embargo, investigaciones posteriores evidenciaron que, al menos, cuatro de ellos activaron sus sistemas auxiliares de suministro de oxígeno e intentaron ayudarse entre ellos durante esos últimos tres minutos.

Los investigadores también descubrieron que varios de los interruptores eléctricos del panel del piloto, Mike Smith, no estaban en sus posiciones habituales. Si el piloto los movió fue durante esos tres últimos minutos de su vida, prueba inequívoca de que los astronautas pelearon por sus vidas. Una década antes de la tragedia, tanto el Centro de Vuelos Espaciales Marshall como la empresa Morton Thiokol, ambas implicadas en la construcción del Challenger, sabían que el diseño de las juntas tóricas era deficiente, pero esa información no superó el ámbito de ambas empresas.

Una combinación de fallos técnicos, mal tiempo y soberbia política acabó con la vida de siete seres humanos.

UN FUMADOR EMPEDERNIDO VISITA EL ESPACIO. JAPÓN SE CONVIERTE EN POTENCIA ESPACIAL

Japón cuenta con una de las capacidades tecnológicas más avanzadas del mundo. Muestra de esa capacidad es que ha conseguido, por vez primera, traer un fragmento de asteroide a la Tierra. Pero la historia de la tecnología aeroespacial japonesa se viste de largo a finales de los años sesenta, para este fin fue creada la NASDA, la Agencia Nacional de Desarrollo Espacial, que en febrero de 1970 pone en órbita su primer satélite con un cohete de fabricación doméstica. Se trataba de un ingenio de 16,5 m de largo y que fue bautizado con el nombre de Epsilon, el primero de una larga saga que perdura hasta nuestros días.

A finales de los años 80, la NASDA desarrolló un satélite avanzado para la observación de nuestro planeta, el ADEOS, lanzado el 17 de agosto de 1996. Fue el comienzo de una larga serie de satélites que han colocado a Japón en el primer escalón de la exploración espacial en la actualidad. El gigante asiático a finales de la década de los 80 era ya la segunda potencia económica mundial y su tecnología se imponía en cada rincón del planeta. En una época en la que Estados Unidos había interrumpido su programa de misiones tripuladas a causa de la tragedia del Challenger y la URSS mantenía a duras penas su programa espacial, Japón da un paso adelante y decide financiar una misión soviética.

Akiyama Toyohiro, periodista y reportero de televisión japonés nacido en Tokio el 22 de julio de 1942, no solo fue el primer japonés y el primer periodista en viajar al espacio, sino también el primer pasajero civil (no astronauta profesional) en pagar por participar en un vuelo espacial [www.spacefacts.de].

Los nipones estaban dispuestos a romper todos los moldes, literalmente. Al margen de la aportación tecnológica y financiera, los japoneses buscaban también el prestigio de enviar hombres y mujeres al espacio, pero iban a empezar a hacerlo de forma muy particular. El estereotipo de astronauta norteamericano, blanco y musculoso, tan repetido en el cine y la televisión chocaba con el perfil medio japonés, y Japón quería demostrar que el espacio era asequible a cualquier persona.

Los maravillosos años 80 estaban a punto de llegar a su final, y la poderosa cadena japonesa de televisión Tokyo Broadcasting System (TBS) atravesaba una crisis de audiencia: necesitaban un golpe de efecto. Los soviéticos se encontraban en horas bajas, trataban a duras penas de mantener el pulso con los norteamericanos en la carrera espacial, pero, como hemos dicho, necesitaban financiación para la misión Soyuz TM-11; de esta manera surgió la sinergia. El seleccionado, tras un proceso con cientos de candidatos, fue Toyohiro Akiyama, periodista. Su billete costó a la TBS diez millones de dólares.

Había nacido en Setagaya (Tokyo) en 1942. Tras graduarse en Periodismo en la International Christian University ingresó en la TBS como reportero, trabajando también para el Servicio Mundial de la BBC entre 1967 y 1971. El perfil de Akiyama era la antítesis del estereotipo de astronauta, un fumador empedernido, pero aun así, se convirtió en el primer japonés en volar al espacio, el primer periodista protagonista de un directo desde el espacio y, por supuesto, el primer fumador empedernido en participar en una misión espacial. Llegó a reconocer fumar cuatro cajetillas diarias.

Los pulmones de nuestro héroe debieron ser escenario de una batalla encarnizada. Por un lado, decenas de pitillos diarios inundándolos de humo, y por otra, un gran nadador. Su físico tampoco acompañaba, a pesar de su resistencia. Sin embargo, tras un duro entrenamiento en el Centro Gagarin de Entrenamiento de Cosmonautas, estuvo dispuesto para

El astronauta japonés Mamoru Mohri, especialista de misión de la NASDA, en su retrato oficial para la misión STS-99 del Transbordador Espacial en el año 2000. Fue el primer astronauta japonés en participar en dos misiones espaciales de la NASA.

emprender la aventura. Voló a bordo de la nave Soyuz en diciembre de 1990 y estuvo en el espacio casi ocho días.

Los soviéticos pretendían estudiar cómo afectan ciertas características de este tipo de viajes (fundamentalmente la ingravidez) a los seres vivos, y para ello utilizaron media docena de ranas. Al principio, las intervenciones de Akiyama hicieron que los índices de audiencia se disparasen, pero pronto el público se cansó de ver imágenes de terreno y nubes que recordaban a informes meteorológicos. Para colmo, el pobre Akiyama a pesar de haber superado un año de entrenamiento previo en la URSS, sufría continuas náuseas y mareos que hicieron de la aventura un auténtico tormento.

Los experimentos no arrastraban a la audiencia: el más fascinante era comprobar el comportamiento de las ranas ante la falta de gravedad. Las más gordas parecían disfrutar de la experiencia, pero las pequeñas preferían estar quietas en un rincón, añorando sus días junto a una charca. Poco después de su regreso a Tierra, Akiyama abandonó la televisión para dedicarse a la agricultura de subsistencia: arroz y setas. Esta experiencia mística le costó el divorcio. Su familia se quedó en Tokyo y él compró una parcela en las cercanías de la central de Fukushima. En 2011, el tsunami y la posterior radiación acabaron con su aventura ecológica. Ya jubilado, continúa dando clases en la universidad de Kyoto.

Mamoru Mohri fue el primer astronauta profesional japonés en el espacio. Nació en Yoichi (Hokkaido) en 1948. Mohri obtuvo una licenciatura y un máster en Química por la Universidad de Hokkaido en 1970 y 1972, respectivamente. Posteriormente, se doctoraría también en Química en la Universidad de Flinders, en Adelaida (Australia) en 1976. La mayor parte de su trabajo se ha centrado en el campo de las ciencias de los materiales y el vacío. Entre 1975 y 1985 fue profesor de la Facultad de Ingeniería Nuclear de la Universidad de Hokkaido, trabajando en proyectos relacionados con la fusión nuclear.

Mohri fue seleccionado por la Agencia Nacional de Desarrollo Espacial de Japón, en la actualidad JAXA, para entrenarse como especialista en carga útil para una misión espacial en colaboración con la NASA del transbordador espacial. En esta misión (1992) impartió una clase de ciencias para niños japoneses que se retransmitió en directo desde el espacio, al tiempo que llevaba a cabo experimentos utilizando plasma y el vacío. En el año 2000 volvió al espacio a bordo del transbordador espacial Endeavour y se convirtió en el primer astronauta en utilizar una videocámara de alta definición para grabar nuestro planeta.

Mohri manifestó que, durante su primer viaje al espacio, a bordo del Shuttle, su principal trabajo fue llevar a cabo experimentos y no pudo distinguir fronteras nacionales desde el espacio. Todo lo contrario de lo que ocurrió durante su segundo viaje, dedicándose casi en exclusiva a observar y grabar nuestro planeta y sí pudo, entonces, distinguir fronteras nacionales, cuando un país había deforestado su territorio y otro había conservado sus bosques. Durante su vuelo en el Endeavour viajó a 30 000 kilómetros por hora, completando una órbita terrestre en 19 minutos, por lo que pudo disfrutar de 16 puestas de sol y 15 amaneceres.

Las imágenes que tomó Mohri fueron compartidas por el gobierno japonés con sus ciudadanos. El astronauta señaló que el gobierno de su país es consciente de cómo la deforestación en otros países impacta en el clima global, afectando al propio Japón. Los nipones se afanan en ayudar a otros países en el cuidado de sus recursos naturales, destacando el monitoreo que han realizado de la selva amazónica mediante satélites, para que Brasil pueda proteger mejor su bosque tropical de la tala ilegal y clandestina.

El astronauta japonés ha reconocido que su experiencia como astronauta cambió su forma de ver el planeta. Mohri reconoció que «cuando el vehículo espacial aterrizó y se abrió la compuerta, entró aire fresco y sentí que todo el aire estaba lleno de microorganismos, pero me sentí muy cómodo». El astronauta ha manifestado que en el espacio todo está soportado por la tecnología y eso le hizo pensar en la importancia que tenía el medio ambiente terrestre. Se prometió a sí mismo que su siguiente misión sería cuidar el medio ambiente de nuestro planeta.

La Agencia Japonesa de Ciencia y Tecnología Marina cuenta con un submarino de investigación del fondo marino, el Shinkai 6500, capaz de alcanzar los 6500 metros de profundidad, más que cualquier otro vehículo submarino construido por el hombre. El objeto fundamental de su trabajo es ahondar en el conocimiento del movimiento interior de nuestro planeta, profundizar en el conocimiento de los seres vivos que habitan esos recónditos parajes y plantear medidas para su conservación.

Mohri ha manifestado que viajar en un submarino es muy semejante a hacerlo en una nave espacial. En una de estas misiones submarinas se maravilló al constatar cómo, a pesar de las grandes presiones que soportan, algunos organismos pueden moverse con absoluta facilidad. Con ayuda de un brazo articulado del que dispone el sumergible capturaron algunos de ellos para estudiarlos en profundidad.

Siempre al día de lo referido al espacio, Mohri considera que aún falta mucho por conocer sobre los efectos de la microgravedad a la hora de planificar una misión tripulada a Marte. El astronauta japonés manifiesta que una misión de estas características sería muy larga y con muchos aspectos que prever. Señala Mohri que las largas estancias a las que se está sometiendo a los habitantes de la Estación Espacial Internacional pueden proporcionar valiosa información a este respecto.

En cuanto a la financiación, Mohri cree que es fundamental la colaboración internacional y se ha manifestado a favor de construir primero una base en la Luna para lanzar desde allí un vehículo tripulado a Marte. Comprometido con la divulgación científica, a partir de 2001 es Director

Ejecutivo Emérito del Miraikan, el Museo Nacional de Ciencia Emergente e Innovación de Tokyo.

Desde la última misión de Mohri, y al compás del extraordinario desarrollo de la astronáutica japonesa, han visitado el espacio una decena de astronautas de este país, algunos de ellos han protagonizado auténticos hitos en la historia de la exploración espacial. Detengámonos en los más destacados.

Mukai Chiaki, nacida en la prefectura de Gunma en 1952. Fue la primera asiática en el espacio. Se licenció en Medicina por la Escuela Superior Femenina de Keio, en Tokyo, en 1977. En 1978 se doctoró en Fisiología y tras especializarse en cirugía cardiovascular, trabajó en importantes hospitales japoneses. En 1985 la NASDA la elige como una de las tres candidatas a especialista en carga útil para la misión STS-47, pero no llegó a volar en esa misión.

Voló al espacio por primera vez en la misión STS-65 a bordo del transbordador espacial Columbia el 8 de julio de 1994. Participó en diferentes experimentos científicos y permaneció en órbita por espacio de quince días. En 1998 participó como especialista en carga útil de la STS-90 en misión de respaldo y volvió al espacio a bordo del transbordador Discovery en octubre de ese mismo año, acompañando a John Glenn como especialista en carga útil. Fue científica adjunta de la misión STS-107, la trágica misión del Columbia en 2003.

Recibió junto a Glenn y el resto de aquella tripulación el Premio Príncipe de Asturias de Cooperación Internacional en 1999 y ella sola recibió la Legión de Honor francesa en 2015.

Koichi Wakata, nacido en 1963, en Saitama, obtuvo una licenciatura en Ingeniería Aeronáutica en 1987, posteriormente un máster en Mecánica Aplicada en 1989, y un doctorado en Ingeniería Aeronáutica en 2004, todos en la Universidad de Kyushu. Trabajó un tiempo como ingeniero de estructuras para Japan Airlines, y en 1992 fue seleccionado por la NASDA como candidato a astronauta. Posteriormente se formaría como astronauta en el Centro Espacial Johnson de la NASA. Intervino como subdirector de Operaciones de carga útil en la misión STS-85 actuando en la demostración de un Manipulador de Vuelo de la NASA y un brazo robótico para el módulo japonés de la ISS. Precisamente, en el año 2000 se convirtió en instructor de robótica para los astronautas de la NASA. En 2006 comandó la 10ª misión NEEMO de la NASA en el laboratorio submarino Aquarius.

En agosto de 2006 comenzó su preparación como ingeniero de vuelo de la nave rusa Soyuz, de cara a una misión de larga estancia en la ISS que se concretó en 2009, permaneciendo en la Estación Espacial durante 138 días. Volvió al espacio en 2013 para una estancia en la ISS de seis meses, convirtiéndose en el primer comandante japonés de la misma durante los últimos tres meses de la misión. Volvería una última vez a la Estación Espacial a bordo de un cohete Crew Dragon, de SpaceX, en 2022, convirtiéndose en el primer japonés astronauta de una misión privada.

En estos momentos, la Agencia Espacial Japonesa (JAXA) colabora con la NASA en las misiones Artemis que tienen como objetivo llevar a un hombre (o mujer) a la superficie lunar en los próximos años. Inicialmente estaba prevista la misión para 2028 pero los contratiempos técnicos la están retrasando sine die. Japón aporta a la misión, al margen de financiación y ayuda técnica, dos candidatos a astronautas: Ayu Yoneda, diplomada en Medicina por la Escuela Superior de la Universidad de Tokyo y nacida en 1995, y Makoto Suwa, climatólogo nacido en 1977 y graduado por Universidad de Tokyo, y con un máster por la Universidad de Princeton y doctorado por la Universidad de Duke.

Yang Liwei, 杨利伟, el primer taikonauta (cosmonauta chino) de la República Popular China y General Mayor de la Fuerza Aérea del Ejército Popular de Liberación de China [Wikimedia Commons].

CHINA INAUGURA LA NUEVA CARRERA ESPACIAL

El 15 de octubre de 2003 China iniciaba oficialmente su propia carrera espacial. El astronauta Yang Liwei abandonaba la Tierra rumbo al espacio, y el nuevo gigante económico planetario cumplía un viejo anhelo. Quinientos años antes, durante la dinastía Ming, un funcionario de la corte, llamado Wan Hu, soñaba con convertirse en el primer taikonauta, el nombre que los chinos daban a los viajeros interestelares.

Una leyenda que aún circula por el país reza que Wan Hu estaba obsesionado con las estrellas y los planetas, y soñaba con llegar a donde no había llegado antes ningún ser humano. Wan recabó toda la información que pudo conseguir en una China aún muy cerrada al resto del mundo y estudió distintos materiales para construir un cohete a modo de nave espacial.

El artefacto, construido a partir de una silla resistente, portaba dos cometas como alas y 47 cohetes repletos de pólvora. El día del lanzamiento, engalanado con sus mejores trajes, Wan se ató a la silla de cara al viento y llamó a 47 sirvientes para que encendieran de forma simultánea los 47 cohetes. Tras ordenarles que se retiraran a una distancia segura y después de unos segundos, tuvo lugar una enorme explosión que provocó una nube de humo impenetrable.

Una vez se despejó la humareda no quedaba rastro ni de Wan ni de su cohete. Nadie supo nada más de él. La leyenda lo sitúa más allá de nuestro planeta, entre las estrellas, mirando la Tierra desde su privilegiada posición. La historia, transmitida oralmente de generación en generación, fue documentada en 1909. Los trabajos de Wan Hu sirvieron de base para la construcción de los primeros cohetes y, finalmente, la propia China envió un hombre al espacio cinco siglos después.

El protagonista de la historia moderna es, como hemos dicho, Yang Liwei. Nacido y criado en la provincia de Liaoning, al noreste del país. Proveniente de una familia de profesores, su entorno más cercano lo describe como una persona muy activa y un estudiante brillante. Deportista, destacó en natación y patinaje artístico. Orientado hacia la carrera deportiva, abandona sus prometedores inicios en 1987 para convertirse en piloto de combate. Desde 1988 forma parte del Ejército Popular de Liberación, al que también pertenece su esposa.

Como piloto exhibe un currículo envidiable, el octavo de su promoción, que le sirvió para ser seleccionado como primer astronauta chino, después de un duro proceso de selección con otros cuatro finalistas. El teniente coronel Liwei pasó a la historia como el primer astronauta chino en la misión que despegó de la base de Jiuquan, en el desierto de Gobi. A bordo de la cápsula Shenzhou 5 dio catorce vueltas a la Tierra antes de aterrizar, convirtiendo a su país en el tercero en enviar astronautas al espacio tras Estados Unidos y la Unión Soviética. El vuelo tuvo una duración de 21 horas y durante el mismo tuvo lugar un hecho que hizo de la misión algo muy especial.

Un golpeteo súbito en la nave llamó la atención del astronauta. Liwei decidió acercarse a la escotilla de la cápsula para averiguar el origen del mismo. Cuando aterrizó, casi un día después de haber despegado, el astronauta chino quiso saber el origen de estos extraños ruidos y explicó a los expertos del programa espacial lo que había oído e incluso quiso imitarlos con instrumentos. Fue imposible, no volvió a escuchar esos sonidos, aunque curiosamente, sí los escucharon los astronautas de la Shenzhou 6 y Shenzhou 7.

Tras las declaraciones de Liwei, la comunidad científica buscó encontrar respuestas razonables a este misterio. En medio del rigor científico surgieron las apelaciones al factor extraterrestre, a lo que contribuyó la falta de transparencia de la política de comunicación china. La NASA terció en el asunto manifestando que ninguno de sus astronautas había reportado estos sonidos. Diferentes expertos plantearon algunas soluciones con cierto grado de plausibilidad.

Goh Cher Hiang, ingeniero espacial de la Universidad Nacional de Singapur, consideraba que el sonido respondía a golpes físicos que estaba recibiendo la nave. Wee-Seng Soh, investigador de la misma universidad, justifica en las propiedades de expansión y contracción de la nave el misterioso sonido. La causa podrían ser los tremendos cambios de temperatura a los que se expuso la cápsula.

Liwei no volvió a entrar en la polémica hasta que, en 2016, durante un evento en un centro escolar de la ciudad oriental de Ningbo, provincia de Zhejiang, manifestó que los golpes fueron el resultado de la presión del aire, lo que provocó cambios en la estructura de la nave espacial cuando partió de la Tierra hacia el espacio. Esta teoría llamó la atención de la científica Liu Hong, del Instituto Tecnológico de Massachusetts, quien coincidió con el astronauta en que el sonido podía provenir de deformaciones en los materiales de la pared interna de la nave espacial debido a cambios de presión.

Hong y su equipo de investigadores determinaron que un cambio en la temperatura de la cápsula causaría un cambio en la presión del aire, y la diferencia de presión entre las paredes interna y externa de la cápsula generaba pequeñas deformaciones en los materiales de la pared, produciendo el sonido.

La odisea de Yang Liwei fue la primera de la ya larga carrera espacial china, que puso en marcha el líder de la revolución comunista de 1949, Mao Zedong, hace más de sesenta años.

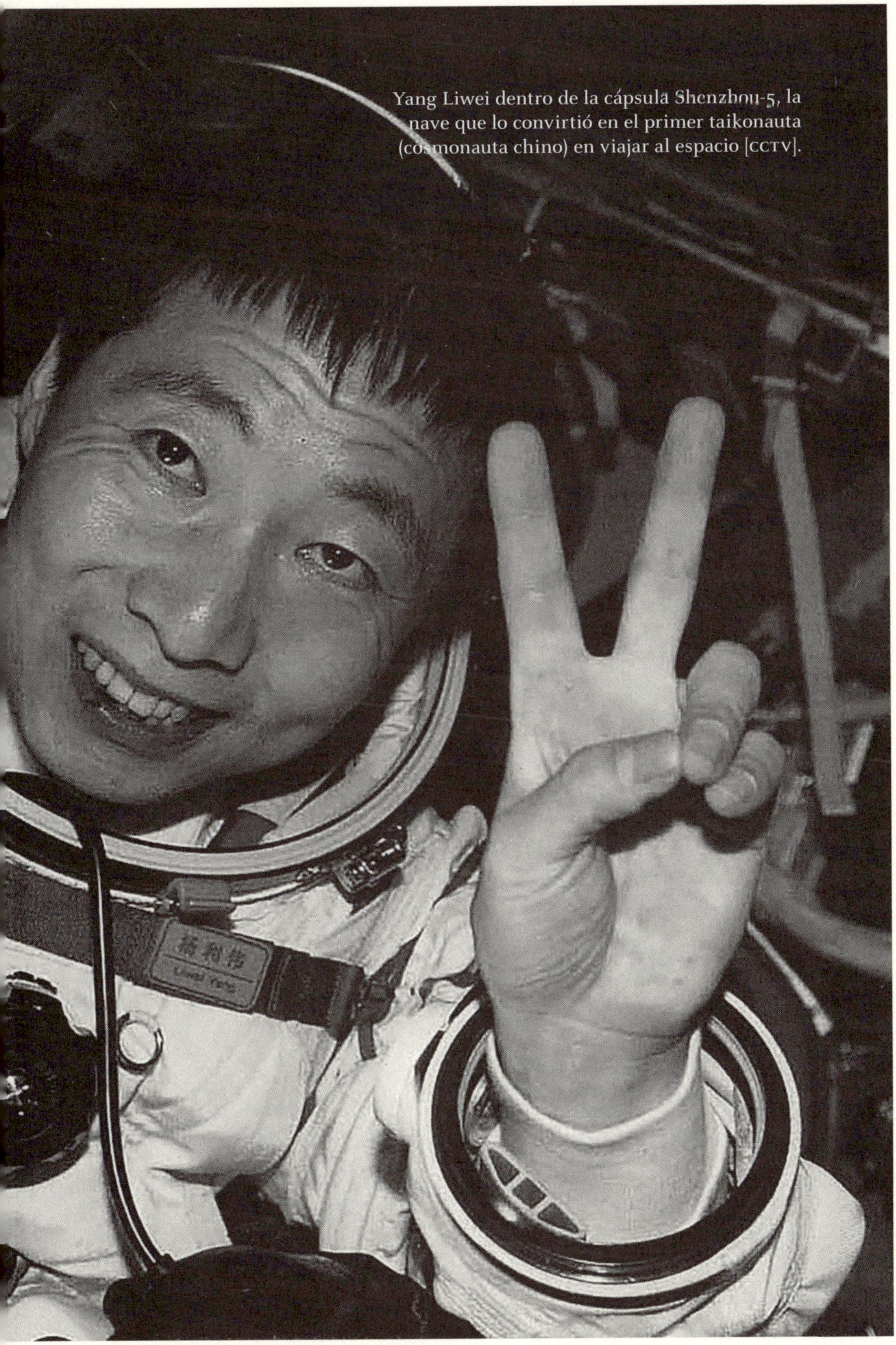

Yang Liwei dentro de la cápsula Shenzhou-5, la nave que lo convirtió en el primer taikonauta (cosmonauta chino) en viajar al espacio [CCTV].

El papel de la mujer en la sociedad china ha sido, tradicionalmente, muy secundario. La revolución de 1949, como el resto de revoluciones de corte comunista, intenta revertir el papel tradicional de la mujer china, atada a su esposo y al hogar. El régimen maoísta pretende alcanzar un modelo de mujer responsable de su propio destino, al menos sobre el papel.

Mao, tras el éxito del Sputnik 1, decidió que también China construiría satélites, dando así el banderazo de salida a la carrera espacial de este país. Después de la misión de Yang Liwei, China perseveró hasta conseguir poner a una mujer en el espacio. Tal honor le cupo a Liu Yang, quien viajó al espacio el 16 de junio de 2012, como miembro de la tripulación de la misión Shenzhou 9.

Liu nació el 6 de octubre de 1978 en Zhengzhou. Su designación fue anunciada tras un largo proceso de selección que dio preferencia a las mujeres casadas y, preferentemente con hijos (no era su caso), debido al riesgo de infertilidad que tanto el vuelo espacial como la exposición a la radiación podría provocar. Así, al menos, lo entendían los responsables chinos.

Este proceso de selección descartó, como en el caso de los varones, a aquellas que sufrían dolores de garganta, resfriado crónico, caries, cicatrices, arritmia cardíaca, e incluso latidos irregulares del corazón. El director del Centro de Medicina Clínica Aeroespacial del Ejército de Liberación del Pueblo Chino y uno de los responsables de la selección se manifestaba en aquellos momentos a favor de la cautela y de proteger a los astronautas.

Como particularidad, la misión en la que participó Liu duró trece días y, como dato curioso, contaba con un habitáculo y un baño independiente para la taikonauta. En su momento, supuso un récord de estancia en el espacio para un astronauta chino. La Shenzhou 9 se acopló con el módulo Tiangong 1, germen de la que luego será la Estación Orbital China (CSS).

La tripulación tenía como objetivo evaluar las capacidades de reciclaje del módulo orbital, tales como la conversión del sudor y del vapor de la respiración en agua, de agua en oxígeno, y de orina en agua. A pesar de ello, los taikonautas no beberán el agua reciclada. Concebida como ensayo de una estancia de larga duración en el espacio, los tripulantes fueron equipados con vestimentas de resistencia al peso que les ayudaran a mantener la forma y disponían de un sistema para detectar y filtrar contaminantes.

Jing Haipeng nació el 24 de octubre de 1966 en Juncheng. Desde la adolescencia demostró un inequívoco interés por la aviación y se inspiró en la foto de otro aviador chino. En 1984 se inscribió en unas pruebas de preselección para candidatos a piloto, pero no consiguió el reclutamiento por razones físicas. Absolutamente convencido de su vocación, volvió a insistir al año siguiente y consiguió plaza en una escuela de pilotos. Tras graduarse fue trasladado a una base de entrenamiento en la provincia de Jiangsu.

Como piloto registró más de 1200 horas de vuelo y tras cumplir el sueño de su juventud, se autoimpuso otro reto aún mayor: convertirse en astronauta. Consiguió ser seleccionado en 1998 para la primera hornada de astronautas chinos y convertirse en uno de los seis candidatos seleccionados para volar a bordo del Shenzhou 6. Haipeng considera que la vida se compone de sueños a cumplir en diferentes etapas de la vida: «Debemos establecer metas una tras otra y trabajar duro para hacer realidad nuestros sueños».

Conocido por su comportamiento tranquilo, Jing a menudo es descrito por sus colegas como un gran trabajador y él admite que es un perfeccionista. De su carácter habla por sí solo el hecho de que en los diez años anteriores se había sometido a cientos de cursos de capacitación en habilidades profesionales tales como entrenamiento submarino que simula ingravidez, entrenamiento en hipoxia, o manejo de situaciones anormales.

Tras no volar en esta misión, fue nombrado tripulante oficial de la Shenzhou 7 con la que voló en septiembre de 2008. Volvería al espacio a bordo de la Shenzhou 9 en junio de 2012 y nuevamente a bordo de la Shenzhou 11 en octubre de 2016. Poco después sería nombrado comandante de la misión Shenzhou 16, convirtiéndose en el astronauta chino con más vuelos espaciales hasta la fecha. En los prolegómenos de esta misión, Jing confesaba 600 flexiones, 600 abdominales y saltar cuerdas en su rutina diaria, a la vez que memorizaba cada palabra de los manuales de vuelo y las guías de operación.

Muy recientemente se ha producido un hito que explicita por sí solo la ambición del gigante asiático en su aventura espacial. El 30 de mayo de 2023 tenía lugar el vuelo al espacio del primer civil chino, Gui Haichao. Gui procede de una familia humilde del norte de China y nació en 1986, el año de la tragedia del Challenger.

Se trata de un ingeniero aeroespacial e investigador de la Universidad de Beihang, en Pekín. Tras graduarse pasó dos años en la Universidad de York, en Toronto, participando en un programa posdoctoral sobre tecnología integrada de control direccional y orbital para naves espaciales sofisticadas. Comenzó a interesarse por viajar al espacio al escuchar en la radio noticias sobre el primer chino en hacerlo, Yang Liwei. El taikonauta civil llevó a cabo experimentos científicos sobre nuevos fenómenos cuánticos, sistemas espaciales tiempo-frecuencia de alta precisión, así como verificaciones de la relatividad general.

La Administración china ha considerado muy valiosa la participación de un científico en esta misión espacial porque hasta ahora los taikonautas eran pilotos militares y sus trabajos eran básicamente técnicos. Eso sí, todos los taikonautas de la misión Shenzhou 16 son miembros del Partido Comunista. Se trató de la primera misión con destino a la CSS, que había sido terminada a finales de 2022.

El programa espacial chino tiene varios objetivos en el medio plazo. En cuanto a misiones tripuladas, el gigante asiático tiene la intención de posar a un hombre en la Luna en 2030, y parece contar ya con la tecnología y con experimentados taikonautas. Otro megaproyecto chino tiene por objetivo contar con una estación espacial propia, cuyo primer módulo se puso en órbita en 2021. Bautizada como Tiangong o Palacio Celestial. En 2023 puso en órbita su propio telescopio espacial, Xuntian. Se mantiene en órbita cercano a la estación espacial y se acopla a ella para mantenimiento y reabastecimiento.

Tiangong tiene su propia energía, propulsión, sistemas de soporte vital y viviendas. De este modo China se convierte en el tercer país con una estación espacial propia y ya es el tercero en enviar astronautas al espacio. Pekín tiene ambiciosos planes para su estación espacial y confían en que reemplace a la ISS cuando finalice su vida prevista, en 2031. En la actualidad, tres astronautas chinos, dos hombres y una mujer habitan la estación orbital con carácter permanente, tras sustituir a otros tres astronautas que han vivido en ella durante seis meses. Además, tienen una clara motivación política para que esto ocurra: los astronautas chinos están excluidos de la ISS porque la ley estadounidense prohíbe que su agencia espacial, la NASA, comparta sus datos con China.

Fotografiado el 13 de marzo de 2000, Miguel López-Alegría es uno de los astronautas hispanos más destacados de la NASA. Nacido en Madrid, ha participado en múltiples misiones espaciales y ostenta el récord de mayor número de paseos espaciales realizados por un astronauta de origen hispano [Robert Markowitz/NASA].

MIGUEL LÓPEZ-ALEGRÍA, UN ASTRONAUTA LONGEVO

Miguel Eladio López-Alegría nació en Madrid el 30 de mayo de 1958, hijo de un español y una norteamericana. Su abuelo, Eladio López-Alegría, alcalde de Badajoz durante la Segunda República, fue asesinado en septiembre de 1936. A los cinco años se trasladó con su familia a Estados Unidos y pasó su infancia en Mission Viejo (California). Tras concluir sus estudios de Secundaria, se enroló en la Marina de Estados Unidos y se graduó en Ingeniería de Sistemas en la Academia Naval en 1980, realizando su posgrado en la Escuela Naval de Posgrado, donde obtendría un máster en Ingeniería Aeroespacial.

Ha volado en más de treinta modelos de avión para la US Navy desde que se graduó como piloto de combate en 1981. En 1992 alcanza su sueño cuando es seleccionado como astronauta por la NASA para la 14.ª promoción. Ese mismo año comienza su formación en el Johnson Space Center. Se gradúa como astronauta en agosto de 1993 y a partir de ese momento comienza a prepararse para misiones en los transbordadores espaciales. Su primera misión fue la STS-73, en 1995, y tuvo una duración de 21 horas, 52 minutos y 28 segundos. Orbitaron a una altitud de unos 278 kilómetros, recorriendo unos 10 600 kilometros.

Después de esta misión se hizo cargo de la Oficina de Operaciones de la NASA en el Centro de Entrenamiento de

Cosmonautas Yuri Gagarin de la Ciudad de las Estrellas (Rusia), y tuvo a su cargo el entrenamiento de los astronautas estadounidenses para los vuelos a la ISS. Volvió al espacio en el año 2002, enrolado en la misión STS-92, que tuvo por objeto el transporte de elementos esenciales para la estructura de la ISS; la misma finalidad le volvió a llevar a la Estación Espacial a bordo de la misión STS-113, en 2002.

En 2001 participó, con otros dos astronautas, en el programa experimental de la NASA NEEMO, que tuvo una duración de seis días y tuvo por objeto entrenar a astronautas de la ISS en situaciones de alto riesgo. En septiembre de 2006 comandó la 14.ª misión a la Estación Espacial Internacional, que despegó desde Baikonur (Kazajistán) a bordo de una nave Soyuz, permaneciendo 215 días en la estación orbital. En abril de 2007 fue nombrado Director de Operaciones de la tripulación de vuelo en el Centro Johnson de la NASA en Houston. Se retiró oficialmente de la NASA en 2012.

Desde que abandonó la NASA ha impartido conferencias y asesorado a más de 50 compañías de diferentes países. En octubre de 2014, en reconocimiento a su brillante carrera, fue galardonado con el Premio Paz de Westfalia. En la actualidad trabaja para la empresa Axiom Space en calidad de vicepresidente. En 2022 se convierte en uno de los astronautas más longevos de la historia y vuelve al espacio a bordo de un cohete Dragon 2 de SpaceX, la compañía de Elon Musk, merced a un acuerdo de su empresa con la del magnate. Fue el comandante de la misión en la que le acompañaron tres clientes; la Estación Espacial Internacional fue el objetivo de la misma. El vuelo estaba inicialmente previsto para finales de 2021 y, más tarde, para febrero de 2022, pero tuvo lugar el 8 de abril de 2022. En esta ocasión, López-Alegría sí pudo portar la bandera española en su traje, algo que no pudo hacer en sus anteriores misiones al ser empleado de la NASA.

Permaneció en el espacio durante 17 días, sufriendo varios retrasos debido a la meteorología adversa. Pero no queda ahí la cosa: tras ser anunciado como comandante reserva de la legendaria Peggy Whitson en la misión Axiom 2, fue designado comandante de la Axiom 3 en una nave Crew Dragon, en la que tuvo como compañeros a Marcus Wandt (Suecia), Walter Villadei (Italia) y Alper Gezeravci (Turquía), en la primera misión de la historia formada íntegramente por europeos. Viajaron a la Estación Espacial Internacional en enero de 2024, convirtiendo a López-Alegría en uno de los astronautas con una carrera más longeva de la historia.

Hombre de récords, también es uno de los astronautas con más caminatas espaciales, con un total de más de tres días de actividad extravehicular para 10 caminatas. Solo un cosmonauta de la antigua URSS, Anatoli Soloviev, le supera en actividad extravehicular con un total de 16 caminatas.

El 26 de octubre de 2003 Miguel López-Alegría visitó Sevilla (España), invitado por la Escuela Superior de Gestión Comercial y Marketing. El astronauta impartió una conferencia y la organización tuvo la gentileza de invitar a este autor a compartir unos minutos a solas con López-Alegría con el objeto de que pudiera entrevistarle. La verdad es que me ganó la simpatía del astronauta, su espontaneidad, su castellano con acento tejano pero con un amplio vocabulario. Se generó un ambiente apropiado para una entrevista que pudiera adentrarse en aspectos más personales del entrevistado.

Una de las cuestiones que más me interesaba abordar con el madrileño era qué había sentido durante alguna de sus caminatas espaciales. López-Alegría respondió que, tras su primera visión de la Tierra desde el espacio, el hecho de sentirse suelto en el espacio a la velocidad que se desplaza la Estación Espacial es una sensación única, como la sensación ante una atracción de gran velocidad en un parque temático, pero multiplicada por veinte.

Preguntado por si había tenido tiempo para disfrutar de las vistas y reflexionar sobre lo que estaban haciendo, López-Alegría respondió que el trabajo a bordo estaba muy cronometrado y, en contra de lo que todo el mundo puede pensar, tienen poco tiempo para lo que no sea la propia misión,

En esta imagen tomada en febrero de 2007, López-Alegría, comandante de la Expedición 14, participa en una caminata espacial de 6 horas y 40 minutos mientras avanzan los trabajos de construcción de la Estación Espacial Internacional. Durante el Mes de la Herencia Hispana, celebramos el legado de hombres y mujeres hispanos como él, que han contribuido de forma brillante a la exploración espacial desde la NASA.

pero aun así reconoció que su vida cambió tras ir al espacio: tuvo más conciencia de pertenecer a un universo mucho más amplio que el que tenía cuando despegó.

Pregunté al astronauta si había sentido miedo durante alguna de las dos misiones en las que por entonces había participado. López-Alegría reconoce que en todo momento fue consciente de los riesgos que entrañaban las dos misiones, pero que fueron rigurosamente entrenados para no dejarse llevar por el pánico.

La sombra del Columbia aún planeaba sobre los astronautas de la NASA y resultó fácil preguntar a López-Alegría cuáles eran sus sensaciones. El entrevistado pensaba que la tragedia del Columbia había caído como una bomba sobre toda la sociedad estadounidense y, al margen de frenar los vuelos tripulados al espacio, había provocado una especie de psicosis colectiva entre los norteamericanos. Para muchos, el espacio no merecía el sacrificio de los astronautas.

Su posición era que esos astronautas fallecidos perseguían un sueño y lo justo es continuar su trabajo. Él había estado dispuesto para cumplir ese sueño en nombre de ellos, no por una cuestión de egolatría, sino por la grandeza de ese sueño, por superar la adversidad y rendirles el homenaje que merecían. Miguel defendía que los astronautas norteamericanos compartían su postura, y probablemente las familias de los fallecidos y sus propias familias eran las más afectadas por la tragedia.

En su opinión, si algo positivo se ha derivado de la tragedia ha sido la conciencia de que la investigación espacial requiere de la cooperación internacional, como ha demostrado la propia ISS. López-Alegría consideraba que en aquel momento solo los rusos estaban preparados para enviar una nueva tripulación a la estación espacial. De ser enemigos eternos, americanos y rusos pasaban a colaborar, aunque hacía una salvedad: la NASA no tenía fines militares. En cualquier caso, también están Japón, Canadá y Europa. El astronauta valora muy positivamente el papel de la astronáutica española.

Miguel consideraba que en aquel momento ya era perceptible la globalización; el espacio es un sitio sin fronteras. Consideraba que un viaje espacial es como tener muchas experiencias en poco tiempo.

En otro momento de la entrevista abordamos la vuelta tras un viaje espacial, la readaptación a la vida en la Tierra. Consideraba en aquel momento que una misión corta requería de dos semanas para adaptarse físicamente. López-Alegría consideraba que mentalmente nunca se vuelve a ser el mismo: el bajón tras un período tan prolongado de concentración es muy grande. El espacio es adictivo; cuando se ha ido una vez, es muy difícil sustraerse a su atracción, según el astronauta.

Llegado este momento de la conversación, pregunté al astronauta por cosas más banales pero muy interesantes para el gran público: cómo se las apañaban para hacer sus necesidades. Miguel respondió que, para el despegue, la reentrada y los paseos espaciales eran necesarios los pañales; ya en la ISS señalaba que existe un retrete espacial.

Para finalizar la entrevista pregunté al astronauta español por el futuro. En aquel momento se hablaba mucho de una próxima misión a Marte y López-Alegría consideraba que era un objetivo plausible. La NASA ya había anunciado su intención de hacerlo en las próximas décadas y el astronauta manifestó que solo se trata de una cuestión presupuestaria. Si se solventaba, lo consideraba realizable, pero manifestaba que no veía una misión a Marte sin volver antes a la Luna.

Por cierto, él se ofrecía para cualquiera de ambos destinos.

El astronauta de la Agencia Espacial Canadiense Chris Hadfield, equipado con una versión de entrenamiento del traje espacial EMU (Unidad de Movilidad Extravehicular), durante una sesión de preparación para actividades extravehiculares. Fotografía tomada el 19 de julio de 2011 [Robert Markowitz/NASA].

CHRIS HADFIELD, EL ASTRONAUTA QUE IMITÓ A BOWIE EN EL ESPACIO

Chris Hadfield nació en Ontario (Canadá) el 29 de agosto de 1959. Su infancia transcurrió entre la granja de maíz de sus padres y Maracaibo (Venezuela). Desde muy pequeño soñó con volar y decidió ser astronauta cuando, de niño, fue testigo por televisión de la llegada del Apolo 11 a la Luna. Asistió a la Escuela Secundaria White Oaks, en Oakville (Ontario), graduándose en 1977. Al mismo tiempo que cursaba sus estudios de Secundaria obtuvo una beca de piloto de planeador a los 15 años y otra de piloto a los 16.

Tras concluir sus estudios se enroló en las Fuerzas Armadas Canadienses en 1978. Tras cuatro años de formación obtendría una licenciatura en ingeniería mecánica. Antes de graduarse se sometería a un entrenamiento básico de vuelo en la base de la RCAF en Portage la Prairie. En 1983 fue designado como mejor graduado en el curso de entrenamiento básico de vuelo de la Base de la Fuerza Aérea Canadiense de Moose Jaw. Más tarde se entrenaría como piloto de caza volando con los más sofisticados aviones de combate y llegando a convertirse en uno de los primeros pilotos capaces de interceptar un Tupolev de largo alcance sobre el Ártico canadiense.

A finales de los años ochenta, y dentro de un programa de intercambio, asistió a la Escuela de Pilotos de Prueba de la Fuerza Aérea de Estados Unidos, sita en la base Andrews.

El astronauta canadiense Chris Hadfield realiza una de las primeras caminatas espaciales protagonizadas por un canadiense, durante la misión STS-100 del transbordador espacial en abril de 2001. En el visor de su casco se refleja su compañero de misión, el astronauta Scott Parazynski, quien tomó la fotografía [NASA].

Desde 1989 a 1992 probó, entre otros, McDonnell Douglas F/A-Hornet y LTV A-7. Durante su estancia en la Escuela realizó importantes trabajos de investigación y en 1992 obtuvo un máster en Sistemas de Aviación del Instituto Espacial de la Universidad de Tennessee. Como piloto ha volado en más de 70 tipos de aviones.

Recién acabado su máster, Hadfield participó en unas pruebas de selección organizadas por la Agencia Espacial Canadiense que buscaba cuatro candidatos de entre 5330 aspirantes a convertirse en astronautas. Resultó elegido y fue asignado al Centro Espacial Johnson de la NASA, en Houston, en agosto de 1992. Allí trabajó en aspectos técnicos y de seguridad para el Desarrollo de Operaciones del transbordador, realizando importantes contribuciones al desarrollo de la cabina de vidrio de la nave y realizó labores de ayuda en los lanzamientos de los transbordadores espaciales en el Centro Espacial Kennedy, de Florida.

Hadfield fue la voz del control de la misión para los astronautas en órbita en un total de 25 misiones de los transbordadores. En el período 1996-2000 fue el representante de los astronautas canadienses. Entre 2001 y 2003 fue Director de Operaciones para la NASA en el Centro de Capacitación de Astronautas Yuri Gagarin de la Ciudad de las Estrellas (Rusia), incluyendo entre sus atribuciones la coordinación y dirección de todas las actividades de la tripulación de la ISS en Rusia, así como la capacitación de la misma y la negociación de políticas con el Programa Espacial Ruso y otros países. Al tiempo que realizaba estas tareas no dejó de entrenarse y capacitarse como ingeniero de vuelo en la nave espacial Soyuz y poder realizar paseos espaciales con el traje espacial ruso Orlan.

Se retiró con el grado de coronel de las Fuerzas Armadas Canadienses tras veinticinco años de servicio. Desde 2003 a 2006 fue Jefe de Robótica de la Oficina de Astronautas de la NASA en el Centro Espacial Johnson, en Houston, y Jefe de Operaciones de la ISS desde 2006 a 2008. Entre 2008 y

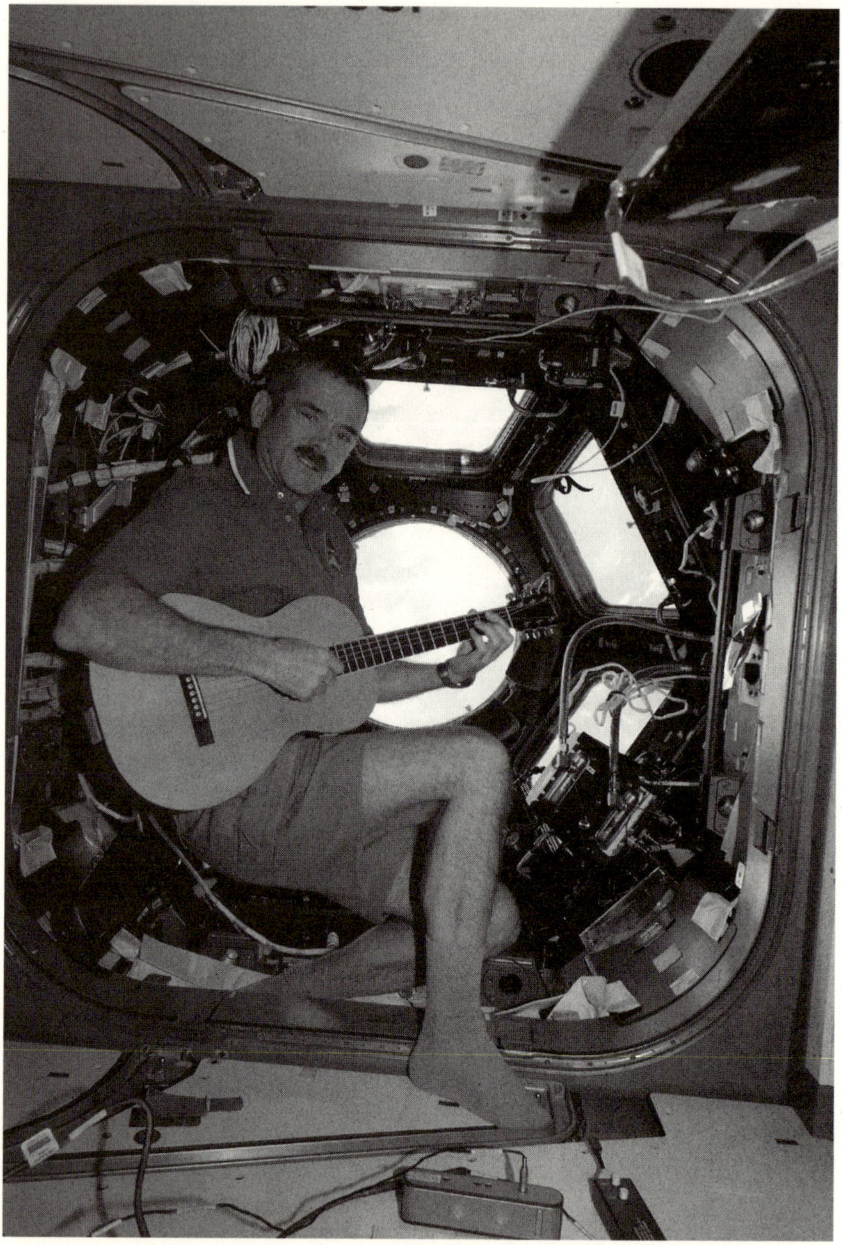

Tras hacerse mundialmente conocido por su versión de *Space Oddity* de David Bowie grabada a bordo de la Estación Espacial Internacional, el astronauta canadiense Chris Hadfield se convirtió en un fenómeno global, combinando ciencia, música y divulgación como nadie antes en órbita [NASA].

2009 fue astronauta reserva en la Expedición 21 a la Estación Espacial. Comandó la expedición número 35 a la ISS, en la que atracó el 21 de diciembre de 2012, convirtiéndose en el primer comandante canadiense de la misma y permaneciendo allí por espacio de cinco meses.

Durante esta estancia en la estación orbital, Hadfield se hizo mundialmente famoso por sus vídeos en su canal de YouTube, en los cuales tocaba la guitarra y cantaba. Se hizo especialmente viral un vídeo suyo donde cantaba el tema *Space Oddity*, de David Bowie. Un mes después de su tercer viaje al espacio, Hadfield anunció su retiro de la Agencia Espacial Canadiense.

La historia de Chris Hadfield es una historia de superación. Desde muy pequeño el astronauta padeció nictofobia, un temor irracional y patológico a la oscuridad. Una ansiedad que Hadfield fue capaz de combatir a fuerza de perseverancia y ejercicios. El astronauta incluso publicó un libro infantil titulado *La oscuridad más oscura*, en 2016, donde cuenta a los niños cómo venció a la fobia que padeció. Hadfield declaró que «la intención del libro era mostrar que está bien tener miedo, pero la verdadera esencia de la vida es encontrar maneras de ser valiente».

Añadió el astronauta que «es importante no dejar que el miedo te paralice. Estudié por qué tenía miedo y luego observé la diferencia entre el miedo y cualquier peligro al que me esté enfrentando». Al margen de este libro, Hadfield ha escrito otros dos más sobre su carrera.

En la actualidad se dedica a impartir conferencias, que simultanea con sus negocios privados. Preguntado por una futura misión a Marte, Hadfield se ha mostrado dispuesto a formar parte de la misma.

Scott J. Kelly, astronauta de la NASA y comandante de misión, fotografiado el 27 de mayo de 1999. Kelly es conocido por su histórica misión de casi un año a bordo de la Estación Espacial Internacional, en la que participó en estudios biomédicos pioneros sobre los efectos del espacio en el cuerpo humano [NASA].

LOS HERMANOS KELLY, FAMILIA DE ASTRONAUTAS

Scott Kelly nació el 21 de febrero de 1964 en Orange (Nueva Jersey). Allí se graduaría en la Mountain High School. Más tarde obtendría una ingeniería eléctrica en la Universidad Estatal de Nueva York. Años más tarde, en 1996, obtendría un máster en Sistemas de Aviación en la Universidad de Tennessee. Desde niño soñó con ser astronauta y ese sueño le llevó a pilotar aviones. Cuando terminó sus estudios de grado decide ingresar en la Marina por una razón muy personal: suponía para él un auténtico desafío el hecho de intentar aterrizar sobre un objeto en movimiento en el agua.

Obtuvo sus alas de piloto el 7 de julio de 1989, siendo designado a un escuadrón de ataque. Para conseguir una promoción aún más rápida decide convertirse en piloto de pruebas y tras superar una entrevista es preseleccionado por la NASA en abril de 1996 y tras superar todas las pruebas exigidas se convirtió en astronauta en agosto de ese mismo año. Su primer vuelo espacial, del cual también fue piloto, fue en la misión STS-103 de los transbordadores en 1999. Sería nombrado comandante de la misión STS-118 en 2002, a bordo del Endeavour, pero el desastre del Columbia provocó su retraso hasta 2007. A finales de ese mismo año sería asignado a las misiones 25 y 26 a la ISS, a bordo de una nave rusa Soyuz, que vería la luz en 2010, al igual que las misiones 26/27, de la que también formaría parte. Volvería al espacio en 2012, pero la misión que lo hizo famoso tendría lugar entre 2015 y 2016.

Kelly ha pasado a la historia como «el astronauta que rejuveneció en el espacio», tras protagonizar una misión de un año de permanencia en la Estación Espacial Internacional. Para dicho estudio se compararon los cambios experimentados en su cuerpo con los de su hermano gemelo Mark. Este se graduó como su gemelo en la Mountain High School. En 1984 se graduaría con honores en Ingeniería Marina y Ciencias Náuticas en la Academia de la Marina Mercante de los Estados Unidos, en Kings Point (Nueva York). En 1994, Mark Kelly obtendría un máster en Ingeniería Aeronáutica en la Escuela Naval de Posgrado de los Estados Unidos.

En 1987 se graduó como piloto de la Marina y comenzó su entrenamiento como piloto de combate. Durante la Guerra del Golfo (1991) fue destinado al portaaviones Midway y durante la Operación Tormenta del Desierto participó como piloto en 39 misiones. Después de la Guerra del Golfo, Mark Kelly se convirtió en piloto de pruebas, alcanzando las 5000 horas de vuelo. Durante su estancia en la Marina recibió numerosas condecoraciones. En 1996 es seleccionado como piloto de la NASA junto con su hermano Scott y en agosto de ese mismo año se convierte en miembro del Cuerpo de Astronautas.

Su primera misión espacial, y como piloto, es la STS-108 de los transbordadores espaciales en 2001. También pilotó la STS-121 en 2006. Sería el comandante de las misiones STS-124 en 2008 y STS-134 en 2011. En 2019, la NASA daba a conocer el Twin Study, un estudio que reveló datos extraordinarios sobre los cambios experimentados por el organismo de Scott y provocados por su larga estancia en la Estación Espacial Internacional. Scott y Mark fueron sometidos a numerosos controles antes, durante y después de la misión del primero, cuyas muestras fueron traídas a la Tierra.

Más de 80 expertos de 12 universidades formaron 10 equipos de trabajo para analizar la información. Algunos resultados eran esperados, como la pérdida de masa ósea, alteraciones en la microbiota, aumentos en marcadores de inflamación o cambios en la estructura del globo ocular. Los cambios genéticos que presentó Scott no han encontrado explicación por parte de los científicos. Una de las grandes sorpresas fue el cambio en los telómeros, los extremos de los cromosomas que aseguran su replicación correcta durante la división celular.

Ahora se sabe que estos extremos se acortan como resultado del estrés y están relacionados con el envejecimiento, aumentando el riesgo de enfermedades de mayor incidencia en personas mayores como problemas cardiovasculares y algunos tipos de cáncer. En el caso de Scott Kelly, los telómeros de sus glóbulos blancos se alargaron durante su estancia en el espacio. Susan M. Bailey, la responsable del equipo que analizó los biomarcadores relacionados con la edad, de la Universidad Estatal de Colorado, constató la enorme sorpresa de su equipo con ese alargamiento.

Bailey bromeó con este asunto advirtiendo que las estancias en el espacio no aseguraban la eterna juventud. Lo más curioso es que, tras el regreso de Scott a la Tierra, sus telómeros sufrieron un rápido acortamiento, lo que podría aumentar el riesgo de un envejecimiento más rápido. También se registraron cambios significativos en la expresión de genes, que refleja cómo el cuerpo reacciona ante las presiones de su ambiente.

Los investigadores constataron en Scott Kelly modificaciones en la expresión de genes que ayudan al cuerpo a producir energía o relacionados con el sistema inmunológico. Seis meses después del regreso del astronauta, esos mismos genes volvieron a la normalidad. Sin embargo, señalan los científicos de la NASA, un pequeño porcentaje de los mismos relacionados con el sistema inmunológico y con la reparación de ADN no volvieron a sus niveles anteriores.

La conclusión de los investigadores fue que el cuerpo de Scott Kelly se adaptó bien al espacio. Como ejemplo, cuando fue vacunado contra la gripe mientras se encontraba en órbita, su cuerpo respondió tal como se esperaba. Un buen

Mark E. Kelly, astronauta y piloto veterano de transbordador espacial, en una imagen del 5 de enero de 2005. Participó en varias misiones del programa STS y más tarde fue elegido senador por el estado de Arizona. Es hermano gemelo de Scott Kelly, con quien protagonizó un experimento sin precedentes sobre los efectos del espacio en el cuerpo humano [NASA].

funcionamiento del sistema inmunológico es, obviamente, fundamental para proteger a los astronautas durante misiones espaciales prolongadas. Científicos de la Universidad de Texas concluyeron que la mayor parte de las variables biológicas se mantuvieron estables o volvieron a la normalidad, por lo que la salud de un ser humano puede mantenerse más o menos estable durante una misión de un año.

Jennifer Fogarty, científica del Programa de Investigación Humana del Centro Espacial Johnson de la NASA, afirma que el estudio de los gemelos demostró cómo el cuerpo se adapta y permanece resiliente incluso luego de pasar casi un año en la ISS. Al tiempo que Fogarty concluía de forma tan tajante, subrayaba que son muchos los datos que aún deben analizarse de este estudio para comprender cómo reacciona el cuerpo humano en el espacio.

Scott Kelly anunció su retirada como astronauta de la NASA en marzo de 2016. En noviembre de ese mismo año fue designado miembro de la Oficina de Asuntos Espaciales de Naciones Unidas. En noviembre de 2017 publicó unas memorias a las que llamó *Resistencia, un año en el espacio, una vida de descubrimiento.* En junio de 2018 intervino en la conferencia UNISPACE50+, celebrada en Viena, donde expresó de esta manera su punto de vista sobre el potencial humano: «Después de pasar un año, me inspiré absolutamente en que si podemos soñarlo, podemos hacerlo... Y lo más importante, si trabajamos en equipo, porque el trabajo en equipo hace que el sueño funcione. El cielo no es el límite».

Mark Kelly realizó su primera misión espacial en 2001, en la que participa como piloto, en concreto enrolado en la tripulación de la STS-108; también pilotó la STS-121 en 2006 y comandó la STS-124 en 2008 y la STS-134 en 2011 (la última misión del transbordador Endeavour). En 2011, su esposa, la congresista Gabby Giffords, sufrió un atentado en Tucson (Arizona), siendo herida de extrema gravedad, aunque finalmente pudo recuperarse. En octubre de ese mismo año, Mark Kelly se retiró de la NASA y de la Armada, y se dedicó a la política.

Adscrito al Partido Demócrata, Mark Kelly apoya los derechos humanos de los inmigrantes, especialmente de los niños. Se ha mostrado partidario de reforzar la seguridad fronteriza entre Estados Unidos y México, pero rotundamente contrario al muro promovido por el presidente Trump. Kelly considera que el calentamiento global representará una amenaza y ve en la energía renovable una oportunidad económica. Apuesta por la investigación y desarrollo de nuevas tecnologías para acelerar la transición a una economía sostenible. También se ha decantado por la libre elección en el tema del aborto.

Mark Kelly fue elegido senador por Arizona en 2020, siendo reelegido en 2022.

Los Kelly son, por derecho propio, los gemelos más famosos en la historia de la investigación espacial.

PEGGY WHITSON, LA ASTRONAUTA AMERICANA CON MÁS HORAS EN EL ESPACIO

Peggy Whitson nació el 9 de febrero de 1960 en Iowa, en una humilde familia de granjeros. Decidió ser astronauta cuando siendo una niña fue testigo directo a través de la televisión de la llegada del Apolo 11 a la Luna. Se graduó en secundaria en el Instituto Mount Ayr, en su localidad natal de Beaconsfield, con notas muy brillantes. En 1980 ganó una beca Orange van Colfhaun, que se concedía a los alumnos que destacaban por su excelencia, con el fin de ayudarles a pagar sus estudios.

Obtuvo el grado en Biología y Química de la Universidad de Iowa Wesleyan en 1981, donde fue una alumna tan brillante, y se doctoró en Bioquímica por la Universidad Rice, donde disfrutaría de una beca posdoctoral hasta 1986. Tras su etapa en Rice, Whitson comenzó a trabajar en el Centro Espacial Johnson, en Houston. Entre 1988 y 1989 trabajó como supervisora para KRUG Internacional, un contratista de la NASA. Profesora de los Departamentos de Medicina Interna y el de Química, Biología Humana y Genética en la Universidad de Texas entre 1991 y 1997. Ese mismo año se convertiría en Profesora Adjunta de la Universidad Rice.

Su carrera universitaria corrió pareja a su carrera en la NASA. En 1992 fue nombrada científica del Programa Shuttle-Mir y desempeñó sus tareas hasta 1995. La calidad de su

Peggy Whitson en una imagen tomada el 28 de noviembre de 2001. Bioquímica de formación, fue la primera mujer en comandar la Estación Espacial Internacional en dos ocasiones y ostenta el récord de mayor cantidad de días acumulados en el espacio por parte de un astronauta estadounidense [NASA].

trabajo fue premiada con el ascenso a Jefa de la División de Ciencias Médicas en el mismo Centro Espacial Johnson durante el período 1993-1996, y en 1996 participó en la preselección de candidatos a astronautas de la NASA siendo elegida. Tras superar los dos años de entrenamiento y evaluación, fue asignada a la Oficina de Operaciones de Astronautas.

El debut como astronauta de Peggy Whitson tiene lugar a bordo de la STS-111 y se acopló con la ISS el 7 de junio de 2002. Permaneció en la estación orbital por espacio de seis meses y realizó caminatas espaciales por espacio de 4 horas y 25 minutos. En 2003 fue designada comandante de la Misión NEEMO 5, a bordo del laboratorio Aquarius, permaneciendo sumergida 14 días. Se trata de un programa encaminado a comprobar la resistencia de los astronautas o futuros astronautas a condiciones extremas.

Entre 2003 y 2005 fue designada Jefa de la Oficina de Astronautas; ese mismo año 2005 fue nombrada Jefa de Operaciones de la Estación Espacial Internacional. Su segundo viaje tuvo lugar a bordo de una nave Soyuz, también con destino a la ISS y que se prolongó por espacio de casi 192 días, partiendo el día 10 de octubre de 2007. Previamente había sido designada comandante suplente para la Expedición 14, de noviembre de 2005 a septiembre de 2006, aunque no llegó a tomar parte en ella.

En 2016 volvió a la ISS a sus 56 años y este viaje tuvo especial significación. En primer lugar, se convirtió en la mujer de mayor edad en volar al espacio; récord que mantuvo hasta 2021, en el que fue superada por Wally Funk, que lo hizo con 82 años. Con 289 días seguidos en el espacio se convirtió en la mujer con más tiempo de permanencia en el espacio, un récord que se ha convertido en la actualidad en la cuarta mejor marca. De cualquier forma, este último viaje le permite ostentar el récord de americana con más tiempo en el espacio y, con más de 60 horas, el récord de la mujer con más caminatas en el espacio.

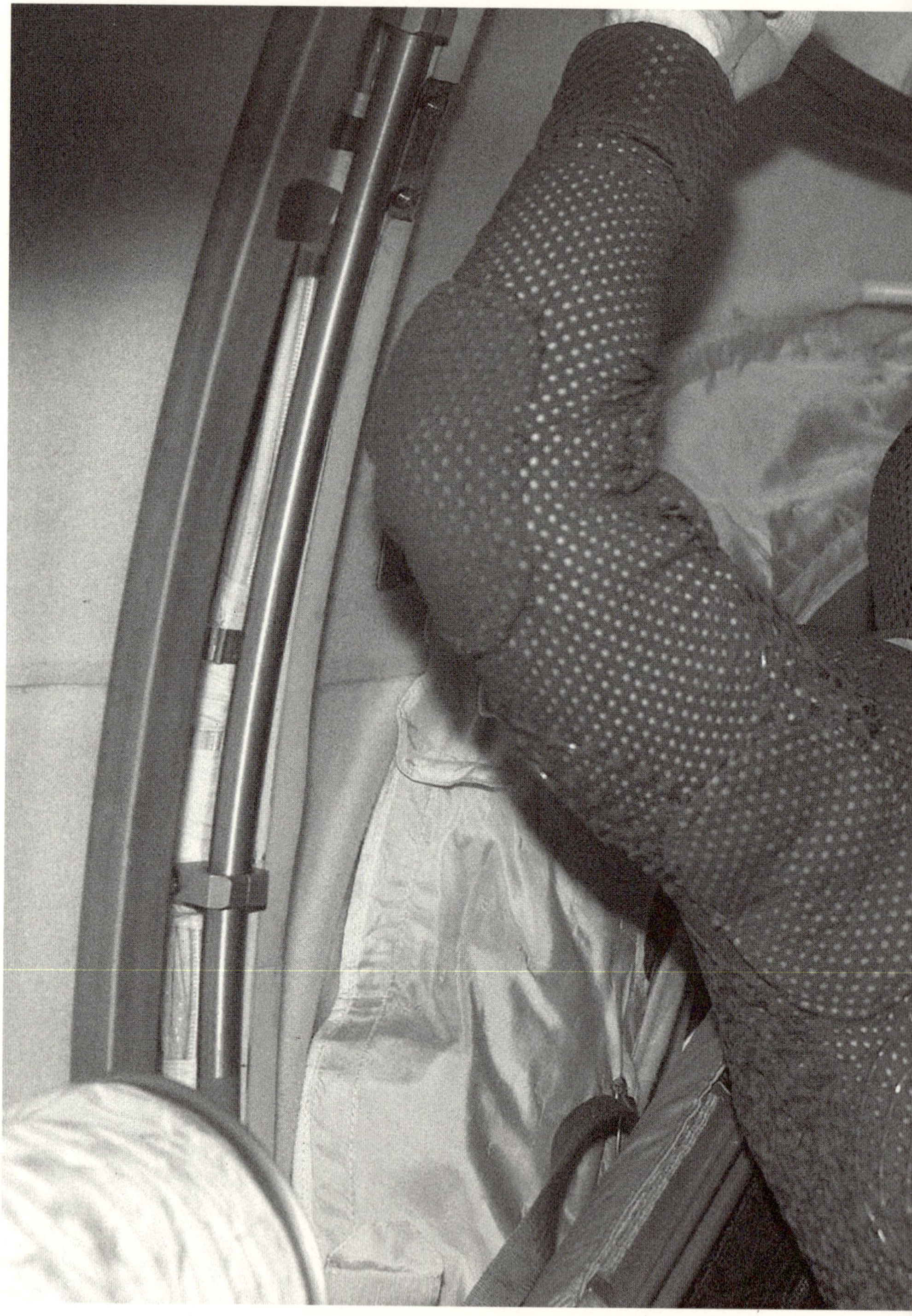

La astronauta Peggy A. Whitson, ingeniera de vuelo de la Expedición Cinco, fotografiada en ropa térmica antes de ponerse un traje espacial ruso Orlan, preparándose para una próxima sesión de actividad extravehicular (EVA) desde el compartimento de acoplamiento Pirs en la Estación Espacial Internacional (14 de agosto de 2002).

En junio de 2018 anunció su retirada de la NASA. En la actualidad trabaja para la compañía norteamericana Axiom Space, la misma para la que trabaja actualmente Miguel López-Alegría. Tras varios retrasos, Whitson voló a bordo de un cohete Dragon 2 el 8 de abril de 2022 con destino a la ISS. El 31 de mayo de 2023 culminó una nueva misión de Axiom Space a la ISS, que convirtió a Peggy Whitson en la primera mujer comandante de una misión privada al espacio. Como en el caso de Miguel López-Alegría, Whitson ha encontrado una nueva juventud como astronauta en la empresa privada.

ELLEN OCHOA, LA LATINA QUE PUSO MÚSICA AL ESPACIO

Nació Ochoa el 10 de mayo de 1958 en Los Ángeles, aunque se crió junto a sus cuatro hermanos en La Mesa, a nueve kilómetros de San Diego. Sus padres eran norteamericanos, pero sus abuelos paternos (mexicanos) fueron los que despertaron en ella su sentimiento hispano. Un sentimiento hispano marcado por la experiencia de los mismos como inmigrantes llegados a Estados Unidos tras atravesar el desierto de Sonora. De niña, Ellen se encandilló con la lectura de un libro, *A Wrinkle in Time,* de Madeleine L'Engle. En él, la autora narra la historia de tres niños que viajan a través del espacio y del tiempo. En él reza la siguiente cita: «No hay sombras, ni miedo. Solo las estrellas y la clara oscuridad del espacio». Esa frase la guio hasta conseguir su objetivo.

Al llegar la adolescencia se produce el divorcio de sus padres y la pérdida de contacto con la familia paterna. En esta época se siente definitivamente atraída por la ciencia, por la literatura y por la música, en especial por la flauta. En su libro *Ellen Ochoa: Astronauta pionera,* Ellen llega a decir: «Mi madre fue la persona que más influyó en mí. Su enfoque primario fue disfrutar cuando se aprende». El ejemplo de su madre marcaría a la astronauta de forma definitoria: cuando ella contaba apenas un año de edad, su madre comenzó sus estudios de biología y negocios.

Retrato oficial de la astronauta Ellen Ochoa, con el traje azul de vuelo, tomado el 10 de enero de 1997. Ochoa fue la primera mujer hispana en viajar al espacio y más tarde se convirtió en directora del Centro Espacial Johnson, siendo una figura pionera en la historia aeroespacial estadounidense [NASA].

La madre de Ellen Ochoa preparaba cada año una o dos materias, alternando estudios con la crianza de sus hijos. Su perseverancia le permitió graduarse, tras 22 años de estudio, en la Universidad Estatal de San Diego, tres años después de que su hija lo hiciera en la misma universidad. Tras finalizar sus estudios de secundaria, Ellen decidió explorar el mundo desconocido sin olvidarse de sus dos grandes pasiones: la música clásica y el deporte. Se inicia en el mundo científico matriculándose de Física en la Universidad Estatal de San Diego. Curiosamente, su espíritu inquieto le indujo a probar otros estudios como periodismo, negocios y computación.

El transcurrir de los semestres permitió a Ochoa encontrar su verdadera vocación en las matemáticas y en la física. Se licencia en Ciencias Físicas en 1980, pero su búsqueda del conocimiento le lleva a ingresar en la prestigiosa Universidad de Stanford, donde recibiría un máster en Ciencias y, posteriormente, se doctoraría en ingeniería eléctrica cuatro años después. Durante el doctorado y después como investigadora del Laboratorio Nacional Sandia y el Centro de Investigación AMES, adscrito a la NASA, se especializaría en sistemas ópticos para el procesamiento de la información.

Profundizando en ese campo, se convierte en coinventora de tres patentes. La que queda registrada en 1987 inspecciona los objetos en busca de defectos; la que se registra en 1989 utiliza tecnología óptica para identificar objetos; y la que se registra en 1990 permite la disminución de las distorsiones en las imágenes. En este campo de especialización conoce a su mentor y colaborador en sus inventos: el reconocido científico óptico Joseph Goodman, quien llegaría a presidir la Sociedad Americana de Óptica.

Incumpliendo el viejo dicho de que nadie es profeta en su tierra, Ellen Ochoa se convierte en la Jefa de la División de Investigación AMES de la NASA en el área de Tecnología de Sistemas Inteligentes, en California. Allí lideró a un equipo de 35 científicos que tenía un único objetivo: el desarrollo de sistemas ópticos e informáticos para la exploración espacial automatizada.

Estando aún inmersa en sus estudios universitarios decidió rellenar una solicitud ofreciéndose para viajar al espacio. La respuesta fue taxativa: «No, primero debe culminar sus estudios de doctorado». La negativa no la amilanó y siguió intentándolo hasta que cinco años después llegó la recompensa: una llamada telefónica en la que le preguntaban si seguía interesada en el programa espacial. En enero de 1990, Ellen fue aceptada en el programa de entrenamiento de astronautas de la NASA merced a su trabajo de investigación y sus aportaciones a la tecnología espacial.

Tomó la decisión de abandonar momentáneamente su carrera como ingeniera y se sometió a un riguroso entrenamiento físico y mental en el Centro Espacial Johnson. Las materias objeto de estudio durante el entrenamiento comprendían astronomía, meteorología, mecánica orbital, navegación, seguridad y primeros auxilios. Todo aquello que le permitiera garantizar el control de cualquier situación que pudiera darse en el espacio. El 1 de julio de 1991 se convirtió oficialmente en astronauta de los Estados Unidos.

Su perseverancia y esfuerzo serían compensados con cuatro misiones espaciales y 978 horas de vuelo. Ellen haría historia el 8 de abril de 1993. A bordo de la nave Discovery, en la misión STS-56, se convertía en la primera latina en viajar al espacio. El objetivo de la misión era realizar estudios solares y atmosféricos para determinar el efecto de la actividad solar en la Tierra. Ochoa utilizaría el brazo mecánico para desplegar el satélite Spartan. Así se expresaba Ellen Ochoa tiempo después: «El día del lanzamiento fue muy largo. Comí con mis compañeros astronautas y luego me vistieron con mi traje favorito (el de astronauta). Casi todo lo relacionado con estar en el espacio es memorable. Llegamos a viajar sobre todas las zonas pobladas de la Tierra en todos los continentes, excepto la Antártida. Tuvimos vistas maravillosas».

Durante esa primera misión la nave daba una vuelta alrededor de la Tierra cada 90 minutos y a una altura de entre 291 y 299 kilómetros, y Ochoa estaba dedicada completamente al estudio del ciclo solar y sus efectos sobre la Tierra, operando siete instrumentos de gran complejidad. A pesar de ello, la astronauta californiana tuvo tiempo para dedicárselo a su gran pasión: la música clásica. Y lo hizo con el instrumento que más le gusta: la flauta. La musicalización espacial se llevó a cabo mientras grababa un vídeo educativo para niños pequeños con la finalidad de mostrarles las ventajas y los inconvenientes de vivir en el espacio.

La flautista comprobó que no existían diferencias sustanciales entre tocar el instrumento en el espacio o en la Tierra. El motivo es que la cabina estaba presurizada con los gases de la Tierra, pero sí necesitó ajustar la posición de los pies. «Tenía que asegurarlos porque cuando soplas tiendes a moverte hacia atrás y de otro modo empezaría a moverme por la cabina mientras tocaba. Tenía que encontrar la manera de anclarme».

Tras el regreso a la Tierra, nueve días después del lanzamiento, Ochoa recibió miles de cartas de admiración por parte de hispanas de diferentes lugares de Estados Unidos y Latinoamérica. Aunque la empatía despertada por la californiana fue masiva, también hubo una cierta corriente de escepticismo debido a los obstáculos que tuvo que sortear por su origen. Ella misma lo puso de manifiesto en un artículo publicado el 1 de diciembre de 1993: «Conseguir ser astronauta es duro para cualquier persona, no solo para los hispanos o las mujeres. No creo que mis antecedentes lo hayan hecho más difícil o más fácil. Solo es cuestión trabajar duro para tener una educación muy buena».

En noviembre de 1994, Ochoa vuelve al espacio a bordo del transbordador Atlantis. En esta misión fue asignada como comandante de carga útil para recabar datos sobre la energía solar y el impacto de su radiación sobre el clima de la Tierra. La misión, la STS-66, duró casi once días y dio 174

Asegurada en un asiento plegable en la cubierta intermedia de un entrenador del transbordador espacial, Ellen Ochoa participa en un ensayo de los procedimientos de lanzamiento y reentrada de la misión STS-66, prevista para noviembre de 1994. Estos entrenamientos eran fundamentales para garantizar la seguridad y coordinación de la tripulación durante las fases más críticas del vuelo [NASA].

vueltas alrededor de la Tierra, y Ochoa se valió de un brazo mecánico para recuperar el satélite atmosférico Crista-Spas. Su experiencia y el valor de su trabajo en esta misión y en la anterior propiciaron una nueva misión en mayo de 1999.

La nave Discovery fue protagonista del primer acoplamiento de un transbordador con la Estación Espacial Internacional y tuvo a Ochoa como ingeniera de vuelo. Su mérito recayó en el traslado de cuatro toneladas de ropa, ordenadores y equipos médicos para la tripulación de la futura Expedición 1 a la ISS. Tras nueve días de misión (cinco días acoplados a la estación orbital), el Discovery retornó a Cabo Kennedy. Ese mismo año, el Presidente Clinton la nombraba miembro de la Comisión Presidencial encargada de conmemorar el Mes de la Historia de la Mujer en Estados Unidos.

Con el mismo rol de la tercera misión, Ellen Ochoa se embarcaría en su cuarta misión espacial, la STS-110, en abril de 2002. En ella, la californiana operó el brazo mecánico de la ISS ayudada por los astronautas habitantes de la misma. Su estancia en el espacio se extendería más allá de diez días. Con esta misión pondría punto y final a su etapa como astronauta, pero sus dotes para la gerencia y sus aptitudes de liderazgo le permitieron, en el mismo año en el que se despedía del espacio como astronauta, hacerse con la dirección del Centro Espacial Lyndon B. Johnson, en Houston (Texas).

Se convertía de este modo en la primera mujer hispana, y la segunda mujer, en alcanzar ese cargo. Incansable, y casada con dos hijos, sigue en su tarea de fomentar la cultura científica y animar a los jóvenes a emprender carreras en este ámbito: «Les hablo de qué tan importante ha sido para mí la educación..».. El 19 de mayo de 2017, durante un acto celebrado en Kennedy Space Center (Florida), Ellen Ochoa ingresó en el Salón de la Fama de la NASA. Lo hizo de la mano del también astronauta Michael Foale, y se incorporó a un selecto club donde se honra a figuras como Neil Armstrong, John Glenn o Alan Shepard.

Ochoa es la novena mujer en ingresar en este Salón, y la primera hispana. Allí comparte gloria con mujeres como Eileen Collins, Bonnie Dunbar, Susan Helms, Shannon Lucid, Sally Ride, Rhea Seddon, Kathy Sullivan o Kathryn Thornton. En su discurso de ingreso se manifestó así: «Finalmente también se trata de liderazgo e inspiración, porque nos estamos desafiando a hacer estas cosas difíciles y a aprender y descubrir más».

Tras más de 30 años de servicio se jubiló de la NASA y en la actualidad participa en el Consejo Nacional de Ciencia de Estados Unidos y en otros consejos. Dedicada, según sus propias palabras, a su familia, también escribe artículos de divulgación científica y a promover la incursión de mujeres y minorías de Estados Unidos en el ámbito científico. Su sueño actual es enviar seres humanos a Marte, y más allá.

PEDRO DUQUE, EL ASTRONAUTA QUE FUE MINISTRO

La historia de la astronáutica española comienza hace poco más de sesenta años, en 1963, con la Comisión Nacional de la Investigación del Espacio (CONIE). El objetivo era afianzar el desarrollo tecnológico español con la fabricación de cohetes y satélites y el presupuesto destinado: la ridícula cantidad de cien millones de las antiguas pesetas. El instrumento que centralizaría esta inversión sería el Instituto Nacional de Técnica Aeroespacial (INTA), creado en 1942 y que ya colaboraba con la NASA.

Los comienzos de la CONIE fueron intensos, sobre todo en materia de colaboración, siendo más desatendido el desarrollo propio. Desde la península fueron lanzados cohetes británicos de la serie Skua y norteamericanos de la serie Judy Dart, todos ellos de pequeño tamaño. El primer lanzamiento, un Skua, consiguió una altura de unos 70 kilómetros y tuvo lugar en 1966. Tras estos lanzamientos tendrían lugar los de los cohetes norteamericanos de la serie Nike, pero, sin duda, el primer gran hito de la astronáutica española lo supuso el desarrollo del cohete INTA-255, de tecnología española construido con ayuda británica, con capacidad para alcanzar los 150 kilómetros de altura.

Los INTA-255 serían lanzados entre 1966 y 1969, cuando tuvo lugar la puesta de largo de España en el panorama espacial: el seguimiento desde las antenas conjuntas INTA-NASA en

Retrato oficial de Pedro Duque como astronauta de la Agencia Espacial Europea (ESA). Duque fue el primer español en viajar al espacio y participó en dos misiones espaciales, consolidando su papel como figura destacada en la exploración espacial europea [ESA].

Robledo de Chavela y Fresnedillas (Madrid), y Maspalomas (Gran Canaria), de la misión Apolo 11. La Agencia Espacial Norteamericana utilizó las instalaciones para mantener la comunicación con la nave. Técnicos españoles, entrenados por norteamericanos, se encargaron de monitorizar la señal y también las constantes vitales de los astronautas.

La estación espacial canaria fue determinante en el seguimiento de la misión por su estratégica ubicación en el Atlántico y por compartir latitud con Cabo Cañaveral. Pero sería la de Fresnedillas la que mayor protagonismo cobraría durante la misión. La NASA necesitaba tres señales ubicadas por todo el planeta para posibilitar las comunicaciones y Fresnedillas fue elegida junto a Goldstone (California) y Canberra (Australia). El ingeniero español Carlos González Pintado fue el responsable de adquirir y conservar la señal proveniente de la nave espacial y enviar al amplificador de potencia la frecuencia adecuada, junto con la voz y los datos, que enviaba Houston a los astronautas.

Con apenas cuatro décimas de segundo, los técnicos de Fresnedillas y Robledo de Chavela fueron los primeros en nuestro planeta en tener noticia del alunizaje del Eagle y de la mítica frase de Neil Armstrong al plantar su pie en la superficie lunar.

Tras este éxito para la astronáutica española, a principios de los 70, el INTA crea el INTA-300, un misil experimental de combustible sólido. Se trata de algo más que un proyectil: era un auténtico cohete que prometía alcanzar el espacio en tres fases distintas. El mundo no vio con buenos ojos que un dictador como Franco pudiera «jugar» con una tecnología de este tipo, y no se concretó la necesaria colaboración internacional.

Los primeros desarrollos españoles tuvieron una clara orientación militar, nada original teniendo en cuenta la dictadura que sufría el país. En un segundo plano quedaron los proyectos de carácter fundamentalmente científicos. Desde el final de la dictadura, fundamentalmente entre 1974 y comienzos de 1975, España concretó su colaboración con la Organización Europea de Investigación Espacial, que tenía por objeto la independencia del gigante norteamericano en la carrera espacial.

En 1975 tiene lugar la fundación de la Agencia Espacial Europea y el 7 de febrero de 1979 España, ya plenamente constitucional, se convierte en miembro de pleno derecho de la organización. A pesar de la colaboración financiera, el programa espacial español pareció adormecido durante unos años hasta que en 1988 es aprobado el Plan Nacional de Investigación y Desarrollo, en el que se enmarcó el Programa Nacional de Investigación Espacial, buscando una colaboración de igual a igual con nuestros socios europeos, pero el retraso acumulado pesaba como una losa.

A primeros de los noventa surge la idea de crear el primer cohete espacial cien por cien español, que respondería al nombre de Capricornio. Con un importante presupuesto inicial, unos 3000 millones, y con el objetivo de que estuviera en marcha en 1996. Se trataba de un lanzador de tres etapas, de 15 metros de largo y con capacidad de carga para 50 kg. Desgraciadamente, este primer prototipo español de primer nivel no pudo ver la luz. El primer satélite español, el Hispasat, vio la luz en 1992, pero solo el 15 % del desarrollo era español; la ciencia francesa copaba el resto. Habría que esperar unos años hasta que Hispasat desarrollara su vertiente más comercial, explotando las bondades de las comunicaciones por satélite.

La contribución española a proyectos internacionales ha ido creciendo de manera imparable en estos años, a pesar de los períodos de incertidumbre económica. Y no solo se ha tratado de una contribución económica, sino que muchos de los elementos técnicos que han formado parte de las más importantes misiones de la NASA y la ESA en los últimos 25 años han tenido patente española, y han sido desarrollados por investigadores del INTA, del Instituto de Astrofísica de

Andalucía o el Instituto de Astrofísica de Canarias, entre otros grandes organismos de investigación españoles.

Sin duda, el hecho mismo de que los estudios universitarios en Aeronáutica gozaran de un gran prestigio en el país (la Escuela Técnica Superior de Ingenieros Aeronáuticos de Madrid se fundó en 1928) ha sido fundamental para generar un granero de excelentes investigadores que está dando grandes frutos. En 2009, esta escuela se transformaba en la Escuela Técnica Superior de Ingeniería Aeronáutica y del Espacio, como prueba inequívoca de su vocación espacial. De esta antigua escuela fue alumno el primer astronauta formado íntegramente en nuestro país, Pedro Duque.

Pedro Duque nació en Madrid el 14 de marzo de 1963, hijo de un controlador aéreo de familia militar y de una maestra. A los seis años fue testigo a través de la televisión del célebre alunizaje del Apolo 11 y quiso emular a Armstrong y Aldrin. Un chaval del tardofranquismo lo tenía muy difícil y su madre le dijo que al espacio solo iban los americanos y los rusos. En 1986 obtuvo su título de Ingeniero Aeronáutico por la Escuela Técnica Superior de Ingeniería Aeronáutica y del Espacio. Fue becario en diversos proyectos del Laboratorio de Mecánica del Vuelo.

Ese mismo año empieza a trabajar en la empresa GMV (Grupo de Mecánica del Vuelo) y a finales del año es enviado al Centro Europeo de Operaciones Espaciales de la Agencia Espacial Europea en Darmstadt (Alemania) para trabajar en el Grupo de Determinación Precisa de Órbitas de los satélites ERS-1 y Eureca. En 1992 participa en un proceso de selección del Cuerpo de Astronautas de la ESA, con base en Colonia (Alemania), consiguiendo ser seleccionado. En agosto de 1993 inició el entrenamiento para una misión conjunta de la ESA y Rusia, la EUROMIR 94, consiguiendo certificarse como «astronauta científico para la Soyuz y la MIR» tras superar la primera fase del mismo.

En mayo de 1994 fue designado miembro reserva de la citada misión, trabajando como Coordinador del Contacto de

Pedro Duque, recién aterrizado tras la misión Cervantes en octubre de 2003, saborea una manzana fresca. Fue su segundo viaje al espacio, en el que ejerció como ingeniero de vuelo a bordo de la nave rusa Soyuz TMA durante una estancia de diez días en la Estación Espacial Internacional [ESA].

la Tripulación para los Experimentos, desde el Centro Ruso de Control de Misiones. En 1995 realizó un curso en los sistemas rusos espaciales para apoyar la misión EUROMIR 95. Ese mismo año fue designado Astronauta Científico de reserva para la misión Vida y Microgravedad del SpaceLab.

La Agencia Espacial Europea lo eligió en julio de 1996 para asistir al curso de preparación de ingenieros de vuelo de la NASA, un curso que se extendió por espacio de dos años en el Centro Espacial Johnson. A comienzos de 1998 fue designado miembro de la tripulación del transbordador espacial para la misión STS-95, en una misión conjunta de la NASA, la ESA y la JAXA, la Agencia Espacial Japonesa.

El 29 de octubre de 1998 voló por primera vez al espacio a bordo del Discovery. Sus compañeros de viaje fueron: Curtis L. Brown (Comandante), Steven W. Lindsey (Piloto), Stephen K. Robinson (Ingeniero), Scott E. Parazynski (Ingeniero), y los astronautas científicos Chiaki Mukai y John H. Glenn, quien volvía al espacio a los 77 años, el más longevo en ir al espacio hasta entonces. En octubre de 1999 recibía el Premio Príncipe de Asturias de Cooperación Internacional junto a los también astronautas Chiaki Mukai, John Glenn y Valery Polyakov.

El 18 de octubre de 2003 volvió al espacio a bordo de una nave Soyuz acompañado por el comandante estadounidense Michael Foale y el ingeniero de vuelo Alexander Kaleri, con el objeto de reemplazar la nave de rescate de la ISS, del tipo Soyuz. Desde noviembre de ese mismo año hasta octubre de 2006 trabajó en la Escuela Técnica Superior de Ingenieros Aeronáuticos de la Universidad Politécnica, en calidad de Director de Operaciones del Centro de Operaciones y Soporte Español (USOC). En 2006 es nombrado Director General de Deimos Imaging, S. L., la empresa que en julio de 2009 puso en órbita el primer satélite de propiedad totalmente privada español, asumiendo en 2010 el cargo de presidente ejecutivo de la compañía.

Este modesto autor tuvo la inmensa fortuna de poder entrevistar a Pedro Duque cuando se encontraba preparando en Darmstadt (Alemania) la que luego sería su segunda misión en el espacio y con un nombre muy evocador, Misión Cervantes. Tal como hemos comentado, Duque viajó al espacio a bordo de una nave Soyuz y permaneció en la Estación Espacial Internacional por espacio de diez días, acometiendo 25 experimentos europeos, de ellos 7 españoles.

Duque tuvo la gentileza de atendernos durante la fase final de la preparación de esta misión y nos descubrió algunos aspectos personales que no suelen ser objeto de las numerosas entrevistas que a lo largo de su vida ha concedido. Él mismo se ha considerado siempre una persona con mentalidad de ingeniero y con la misma acometió la misión, pero, a pesar de lo atareado del momento, no dejó de reconocer que la visión del espacio y de la Tierra, una vez atravesada la atmósfera, no admite descripciones: todo se queda corto, es de una magnificencia que hay que vivir.

En tono de broma, nuestro astronauta preguntado por el entonces recién inaugurado simulador del transbordador espacial y su comparación con la Soyuz, llegó a decir que, a pesar de la calidad de la atracción, las sensaciones no son en absoluto comparables. Pedro Duque ya apostaba en aquel entonces por viajes tripulados a Marte; se especulaba con las fechas de 2020 y 2030. Consideraba el astronauta español que solo era cuestión de proporcionar los recursos necesarios a la industria astronáutica. Defendía de forma vehemente el trabajo que ya se hacía en España en el campo de la industria aeroespacial y resaltaba su calidad.

En 2003 ya se fabricaban en España elementos esenciales de las misiones espaciales europeas y muchos de los programas informáticos que soportaban los ingenios protagonistas de las mismas. Duque ponía en valor el papel de la ciencia europea y, en especial, el indudable crecimiento de la española. Consideraba el astronauta español que la reducción del gasto en investigación (fundamentalmente la espacial) que había emprendido la Administración Bush había resultado todo un revulsivo para la ciencia europea, impulso que continúa hasta la fecha. El astronauta reconocía que era una obligación de los gobiernos apostar por la innovación e invertir en ella.

En un determinado momento de la entrevista, derivamos la misma a cuestiones más personales. Pedro Duque manifestó que la humildad y la modestia que exhibió una leyenda como John Glenn, compañero de misión en su bautizo espacial, le habían sorprendido. El legendario astronauta fue artífice de un clima de confianza y camaradería en la misión, aportando su experiencia a los novatos y demostrando que la edad (superaba los 70 años) no era óbice para emprender la aventura espacial. El propio Duque bromeaba con un hipotético futuro como astronauta al hablar de la longevidad de Glenn. Señalaba el astronauta español, en tono jocoso, que lo más difícil del segundo viaje al espacio de Glenn había sido convencer a su mujer.

Preguntado Pedro Duque por la preparación física y mental requerida por una misión como la que preparaba en el momento de la entrevista, el madrileño dejó muy claro que la preparación mental se hacía mucho más dura que la física, añadiendo que la tecnología de aquel momento (mucho más en la actualidad) evitaba la dureza de los viajes que hicieron pioneros como el propio Glenn (esas aceleraciones casi incontroladas, los golpes, etc.) que requerían de gente muy atlética. En la actualidad, insistía Duque, las naves son sumamente complejas y los experimentos a llevar a cabo en las misiones espaciales también lo son, exigiendo un estado mental óptimo.

En el tono coloquial que empleamos en aquella entrevista, decidí preguntar al astronauta por sus preferencias: volver al espacio o preparar a nuevos astronautas. Haciendo gala de un fino sentido del humor contestó que, dado que Glenn había logrado volver al espacio con setenta años, a él le quedaba todavía mucho espacio por recorrer... Pensaba en ese momento el astronauta que con su edad todavía le faltaba experiencia para preparar a futuros astronautas. Recomendaba a la gente que se prepara para ser astronauta no obsesionarse, dejar fluir el tiempo, eso sí preparándose meticulosamente, pero sin caer en obsesiones.

Según Duque los relevos deben ser naturales; aseveraba que en unos años ni él ni López-Alegría estarían físicamente en condiciones de volver al espacio, pero sí sería necesario preparar a futuros astronautas. Probablemente no podría imaginarse la longevidad para este trabajo que está mostrando su colega. En cualquier caso, animaba a quien quisiera probar fortuna a estudiar una ingeniería u otra carrera de ciencias y prepararse para una carrera de fondo.

Dejamos a Pedro Duque aprendiendo el manejo de la nave Soyuz, a bordo de la cual volaría meses después.

El año 2011 fue el de su retorno a la ESA para hacerse responsable de la Oficina de Operaciones de Vuelo. Tenía bajo su responsabilidad las actividades europeas en la Estación Espacial Internacional. Tiempo después asumió la revisión de los proyectos de futuras misiones tripuladas de la Agencia Espacial Europea. En 2017 formaría parte de la tripulación de la misión NEEMO 22, una misión de la NASA que busca preparar astronautas en el laboratorio submarino Aquarius.

El Presidente del Gobierno español lo nombra Ministro de Ciencia, Innovación y Universidades en junio de 2018. Se convertía así en el segundo astronauta en convertirse en ministro, tras el canadiense Marc Garneau. Desde el primer momento, el astronauta madrileño realizó una apuesta decidida por la innovación, pues según su opinión los estados que más invierten en investigación son los más ricos. Centró una parte de sus esfuerzos en su área de conocimiento, el espacio. Este esfuerzo tomó cuerpo con la aprobación de un Plan Sexenal (2020-2026), aumentando en 700 millones la contribución española a la ESA.

Durante su mandato, el Centro Nacional de Supercomputación presentó su candidatura para acoger uno de los supercomputadores más potentes del mundo, ganando el concurso en junio de 2019. Permaneció en el cargo hasta el 12 de julio de 2021. En diciembre de 2023 fue nombrado presidente de Hispasat.

TURISTAS ESPACIALES, LOS MILLONARIOS DISFRUTAN DEL ESPACIO

El concepto de «turismo espacial» parece sacado de un buen libro de ciencia ficción del gran Isaac Asimov, pero nada más lejos de la realidad. Desde un punto de vista meramente semántico, incluiría cualquier actividad recreativa que genere viajar al espacio o cerca de él. Por tanto, no se trata solo de orbitar la Tierra, sino que abarcaría también otro tipo de experiencias completamente ajenas a las que ofrece el turismo tradicional, tales como disfrutar de la microgravedad, disfrutar de amaneceres y atardeceres desde el espacio, etc. Obviamente, solo al alcance de unos pocos privilegiados.

Pero, a diferencia de otros caprichos para ricos, el turismo espacial requiere de un entrenamiento previo que puede incluir simulaciones de vuelo, adaptación a la microgravedad, cursos de seguridad y una preparación psicológica. Obviamente, y como actividad empresarial, es previsible que en un futuro los elevados costes que conlleva esta preparación terminen siendo más asequibles y se democratice. Ahora, hagamos historia de los turistas espaciales que han abierto este camino.

El agotado programa espacial ruso de los años noventa, tras el colapso de la Unión Soviética, encontró en la Estación Orbital MIR una fuente de ingresos inesperada y a la vez muy rentable. La Agencia Espacial Rusa decidió explotarla mediante acuerdos comerciales y empresas que supieron ver el filón ante el que se encontraban.

Dennis Tito en el 40 Space Congress. El primer ciudadano privado en visitar la Estación Espacial Internacional compartió su experiencia con los asistentes al congreso celebrado del 29 de abril al 2 de mayo de 2003 en Cabo Cañaveral (Florida). El evento conmemoró el 40 aniversario del Kennedy Space Center y el Centenario de la Aviación bajo el lema: Vinculando el pasado con el futuro: una celebración del espacio [NASA].

El primero de los turistas espaciales fue Dennis Tito, un millonario norteamericano jubilado nacido en el humilde barrio de Queens, Nueva York (1940). Hijo de emigrantes llegados a esta ciudad en los años cuarenta, su fascinación al ver por televisión el lanzamiento del Sputnik hizo que se graduara en Ingeniería Aeronáutica e intentara ser astronauta, sin conseguirlo.

Como en las mejores películas, ganó su primer millón antes de cumplir los cuarenta. Un viaje de negocios por la antigua Unión Soviética durante el cual tuvo conocimiento de un plan para llevar civiles a la Estación Espacial MIR despertó su antigua obsesión por ir al espacio. En aquel entonces tenía 50 años y estaba en el límite para las exigencias físicas de una aventura de tal calibre. Esta segunda intentona de ir al espacio fracasó por la desmembración de la Unión Soviética y la caída de Gorbachov en 1991. La tercera tuvo lugar en el año 2000, cuando se decidió la destrucción de la MIR, tras haber firmado Tito un acuerdo con una empresa holandesa encargada de comercializar viajes a la estación orbital.

Tito nunca perdió la fe y apenas un año más tarde, el 28 de abril de 2001, una nave Soyuz despegaba desde el cosmódromo de Baikonur (Kazajistán) rumbo a la Estación Espacial Internacional con una tripulación compuesta por Talgat Musabayev, Yuri Baturin y el propio Dennis Tito, un veterano entusiasta del espacio que ya superaba los 60 años. La Agencia Espacial Norteamericana (NASA), para la que Tito había trabajado durante cinco años antes de lanzarse al mundo de los negocios, se opuso tajantemente al viaje. Aunque alegaban motivos de seguridad, a nadie se le escapaba que aún se mantenían vivos los últimos rescoldos de la Guerra Fría.

Los rusos no podían renunciar a los 20 millones de dólares que Tito estaba dispuesto a pagar por su billete espacial y amenazaron a los americanos con abandonar el programa de la ISS. La NASA cedió y Rusia se convirtió en el primer operador turístico espacial del mundo, permitiendo a Tito per-

Los tripulantes de la misión Soyuz TM-32. El comandante Talgat Musabayev, el ingeniero de vuelo Yury Baturin (ambos cosmonautas de Rosaviakosmos) y el estadounidense Dennis Tito, primer turista espacial, despegaron del cosmódromo de Baikonur el 28 de abril de 2001. Dos días después, el 30 de abril, acoplaron con éxito a la Estación Espacial Internacional, donde realizaron operaciones conjuntas durante casi ocho días con la tripulación de la Expedición 2 [NASA].

manecer durante una semana en la estación orbital. El millonario no sufrió demasiado la microgravedad y ayudó con los avituallamientos a sus compañeros. Esa misma ingravidez impidió que pudiera moverse solo al aterrizar. Declaró a los periodistas que su viaje había sido «mucho mejor de todo lo que había soñado» y aseguró: «Vengo del paraíso».

Pero el sueño del millonario aún no ha acabado. Lleva 25 años planeando ir a Marte y para ello ha creado la fundación Inspiration Mars, dedicada a intentar resolver los problemas técnicos de esa aventura. El objetivo inicial es un viaje de ida y vuelta que orbite Marte durante 16 meses; la tripulación estaría compuesta por dos astronautas profesionales, un matrimonio joven en edad fértil y el propio Tito. Las dos condiciones básicas para el viaje, obviando la financiación, son una «ventana» que acorte el trayecto (la última tuvo lugar en 2021) y un momento de baja en la actividad solar que reduzca los riesgos para la salud de los astronautas.

* * *

Mark Shuttleworth, sudafricano nacido en 1973 en Welkom (Sudáfrica), hijo de una familia de clase media, fue el segundo turista espacial y el primer africano en el espacio. Creció y se formó en Ciudad del Cabo, en cuya universidad se graduó en Finanzas y Sistemas de Información. En su último año en la universidad funda Thawte, dedicada a los certificados digitales, justo en el comienzo de Internet. Tres años después fue adquirida por VeriSign por 575 millones de euros. En 2004 funda Canonical Ltd. para la promoción y el soporte comercial de proyectos de software libre. De esta sociedad saldría Ubuntu-Linux, el célebre sistema operativo de escritorio de código abierto.

Poco amigo de hablar en público y amante de la ingravidez, con solo 28 años y tras pagar su billete a la empresa

Space Adventures y entrenar durante un año en la Ciudad de las Estrellas, voló en una nave Soyuz con rumbo a la Estación Espacial Internacional. Shuttleworth declaró en una entrevista que «no se trataba solo del vuelo, sino de la formación, del sentido de comunidad. La Ciudad de las Estrellas es una comunidad muy unida, pequeña y un puesto avanzado de espacio histórico y futurista, por lo que fue fascinante estar allí, y fascinante hacer amistad con gente que ha hecho que su carrera esté en el centro de todo eso. Lanzar desde la misma plataforma de lanzamiento que lanzó el Sputnik y Gagarin, eso fue bastante extraordinario».

Durante los ocho días que duró su estancia en la ISS realizó experimentos en las áreas de fisiología y cristalización, así como investigación con células madre. Preguntado por si le gustaría volver al espacio, Shuttleworth ha manifestado que preferiría que más gente pudiera visitarlo. Su espíritu aventurero no ha decaído y, poco después de su aventura espacial, decidió organizar una expedición a la Antártida.

* * *

Greg Olsen, empresario y científico norteamericano nacido en Brooklyn en 1945, se convirtió en el tercer turista espacial. Licenciado en Física e Ingeniería Eléctrica por la Universidad de Nueva Jersey, en la que también obtuvo un máster en Física en 1968. En 1971 se doctoraría en Ciencias de los Materiales por la Universidad de Virginia. Tras una estancia posdoctoral en Sudáfrica, de 1972 a 1983 trabajó como investigador en los Laboratorios RCA de Princeton, dedicándose a los sensores fotónicos y los diodos láser. En 1984 se asocia al director de estos laboratorios, Vladimir Ban, y funda la empresa EPITAXX, dedicada a la fabricación de sensores de fibra óptica. Seis años después la venden por doce millones de dólares.

Greg Olsen durante su entrenamiento en Star City. Ataviado con un traje espacial ruso Sokol, el empresario y astronauta privado posa para un retrato el 26 de agosto de 2005, poco antes de su vuelo en la nave Soyuz TMA-7. Fue el tercer turista espacial en viajar a la Estación Espacial Internacional [NASA].

Tras esta aventura empresarial, en 1991 emprendió otra más ambiciosa: Sensors Unlimited, dedicada a la fabricación de cámaras de infrarrojo cercano, con su socio Marshall Cohen. La venta de la compañía, en el año 2000, ascendió a 600 millones de dólares. Es poseedor de una docena de patentes.

En 2005 realizó un entrenamiento de 900 horas en la Ciudad de las Estrellas y el cosmódromo de Baikonur que le capacitaron para volar a bordo de una nave Soyuz con destino a la ISS. Sus compañeros: el también norteamericano Edward Williams, astronauta profesional, y el también astronauta profesional el ruso Valeri Tokarev. Un viaje de diez días durante el cual realizó más de 150 órbitas alrededor de la Tierra y recorrió más de 6,5 millones de kilómetros. Space Adventures pagó por su viaje 20 millones de dólares.

En la actualidad, Olsen es presidente y CEO de GHO Ventures, donde administra sus inversiones, su bodega sudafricana y su rancho de Montana, e imparte numerosas charlas a los niños, especialmente de las minorías, y a las mujeres, para alentarlos a cursar estudios científicos. Es asesor de la Universidad de Princeton y de la Universidad de Virginia. Miembro de las juntas directivas de numerosas organizaciones, sus intereses se centran ahora en los campos de la electrónica de potencia y las energías alternativas.

* * *

La norteamericana Anousheh Ansari, nacida en Mashhad (Irán) en 1966, fue la primera mujer que visitaba el espacio en un vuelo privado. Fue testigo de la revolución islámica de 1979 y emigró con su familia a Estados Unidos en 1984. Se graduó en Ingeniería en la Universidad George Mason y más tarde obtuvo un máster en la Universidad George Washington. Tras graduarse empezó a trabajar en

Anousheh Ansari con su traje espacial Sokol. Fotografía tomada el 9 de noviembre de 2005, en el marco de su preparación para la Expedición 14 a la Estación Espacial Internacional. Ansari se convirtió en la primera mujer turista espacial y la primera persona iraní en viajar al espacio [NASA].

WorldCom y conoció a su marido, Hamid Ansari, empresario y filántropo.

Asegura haberse enamorado de las estrellas viendo de joven la serie *Star Trek*. Se entrenó, a razón de dos horas diarias, en la Ciudad de las Estrellas de Moscú como suplente de Daisuke Enomoto para un vuelo de la nave Soyuz a la ISS, a través de Space Adventures. El 21 de agosto, el japonés fue definitivamente inhabilitado para la misión y en un mes Ansari tuvo que estar lista. Sus compañeros de tripulación serían el español Miguel López-Alegría y el ruso Mikhail Tyurin. El precio de su billete: 20 millones de dólares.

Preguntada antes de la misión por su objetivo en la misión, respondió que quería inspirar especialmente a los jóvenes, mujeres y niñas de todo el mundo, sobre todo a las que viven en Oriente Medio, en países que no proporcionan a las mujeres las mismas oportunidades que a los hombres. En un gesto de buena voluntad, la televisión nacional iraní la entrevistó para el programa de divulgación astronómica *Sky Night* en el que le desearon buen viaje y le dieron las gracias en nombre de todos los iraníes.

Durante los ocho días que permaneció en la ISS llevó a cabo cuatro experimentos: investigar los mecanismos que provocan la anemia, cómo influyen las extremas condiciones que se viven en órbita en la musculatura, las consecuencias de la radiación espacial en los miembros de la tripulación y sus consecuencias en microbios. Ansari se convirtió en la primera persona en publicar un blog desde el espacio.

Ansari es miembro de la Fundación X Prize Vision Circle. Junto con su cuñado, Amir Ansari, hizo una donación de varios millones de dólares a esta fundación el 5 de mayo de 2004, en el 43 aniversario del primer vuelo espacial de Alan Shepard. El premio pasó a llamarse Ansari X Prize. El galardón incentiva la investigación que permita realizar vuelos turísticos al espacio y está dotado con diez millones de dólares.

La iraní está volcada con un turismo espacial más asequible y ya su compañía de inversiones, PRODEA, ha anunciado la asociación con Space Adventures y la Agencia Espacial Federal Rusa Roscosmos con el fin de crear una flota de vehículos de vuelo espacial suborbital para un uso comercial a nivel global.

* * *

La primera persona en realizar dos vuelos espaciales de carácter turístico fue Charles (de nacimiento Károly) Simonyi, un programador informático nacido en Budapest en 1948. Su padre era un reputado ingeniero, creador del acelerador de partículas húngaro. A los 15 años había creado su propio software y a los 17 abandonó su país natal. Se formó en las universidades de Stanford y Berkeley. Empezó a trabajar, tras graduarse, en Xerox PARC, en Palo Alto (California). Fue allí donde desarrolló el primer procesador de textos WYSIWYG al que bautizó con el nombre de Bravo, que fue incorporado al ordenador Xerox Alto. Es uno de los primeros programadores contratados directamente por Bill Gates para Microsoft. En la compañía del precoz genio de la informática desarrolló MultiPlan, un antecesor de la hoja de cálculo Excel. Asimismo, creó la primera versión del procesador de textos Microsoft Word para el sistema operativo MS-DOS en 1983.

Con posterioridad a todo ello, se dedicó al desarrollo de la suite informática Microsoft Office. Como desarrollador de alto nivel de Microsoft acumuló una fortuna valorada en bolsa de mil millones de dólares. A pesar de su amistad personal (que aún perdura) con los fundadores de Microsoft, Bill Gates y Paul Allen, decidió abandonar la compañía para fundar la suya, Intentional Software, en asociación con Gregor Kiczales. En 2017, Microsoft compró esta compañía, siendo el patrimonio estimado de Simonyi de en torno a cinco mil millones de dólares.

Apasionado defensor de la ciencia, decidió convertirse en filántropo y en 2007 se convirtió en el quinto turista espacial. Pagó 20 millones de dólares a la compañía Space Adventures y, tras un duro entrenamiento en la Ciudad de las Estrellas de Moscú, pasó diez días en la ISS. Los viajes de ida y vuelta los hizo a bordo de una nave Soyuz. A su llegada a la estación espacial dijo: «Es asombroso cómo de negro es el cielo. Fue muy, muy dramático. Era como un gran decorado, una fantástica producción de ópera. Eso es a lo que me refería cuando dije que estaba asombrado».

Volvió al espacio en octubre de 2008 gracias a la intervención, otra vez, de Space Adventures. Volvió a la ISS a bordo de una nave Soyuz y el viaje duró unos catorce días.

* * *

Richard Garriott, en 2008 se convirtió en el sexto turista espacial y es también el único hijo de astronauta que también ha viajado al espacio hasta la fecha. Su padre, Owen, también viajó al espacio con la NASA en 1973 y 1983. Él nació en Cambridge (Inglaterra), pero se crió en Nassau Bay (Texas). Desde la escuela elemental se interesó por las computadoras, obteniendo la primera a mediados de los setenta (siendo un adolescente) y aprendiendo programación de forma totalmente autodidacta. Creó varios juegos de fantasía en esta época.

Con 15 años sus padres lo enviaron a un campus de la Universidad de Oklahoma sobre computación. Se da la circunstancia de que sus maestros le permitieron trabajar con la única computadora que había en el instituto porque reconocían que no sabían qué hacer con ella. En 1979, trabajando a tiempo parcial en una tienda de computadoras, mostró a su jefe su diseño de un juego de rol y este le pidió que hiciera copias para venderlas en la tienda.

Bien pronto su juego atrajo a los distribuidores, uno de los cuales decidió comercializarlo por todo el país. Vendió 30 000 copias y Garriott se embolsó 150 000 dólares por unas pocas semanas de trabajo a la salida del instituto. Su familia apoyó su afición por la creación de videojuegos siempre y cuando terminara sus estudios, por lo que se matriculó en la Universidad de Texas, en Austin. Estudiando allí lanzó su primera entrega de su juego de rol Ultima, convertido ya en un clásico. Vendió 50 000 copias de Ultima 1 y se dedicó a tiempo completo a los videojuegos.

Creó con su hermano una empresa llamada Origin Systems para lanzar las siguientes versiones del juego, llegando a vender millones de copias de la saga. En los encuentros con los seguidores del juego, Garriott aparecía disfrazado de caballero medieval como un personaje de la saga, Lord British. En 1992, los Garriott vendieron Origin al gigante Electronic Arts por 35 millones de dólares. Richard trabajó durante ocho años para esta compañía antes de volver a independizarse y fundar otras compañías hasta que en 2008 fundó Portalarium, su actual compañía.

Siempre soñó con repetir la hazaña de su padre de ir al espacio y, por eso, se convirtió en cofundador de Space Adventures en 1998 y, a diferencia de Richard Branson y Elon Musk, no se propuso construir su propia nave espacial. Voló al espacio en 2008 gracias a Space Adventures y, aunque copropietario de la compañía, tuvo que desembolsar los 30 millones de dólares del billete. Por su doble nacionalidad anglonorteamericana, fue la segunda persona en el espacio en llevar allí la bandera de la Gran Bretaña. Voló a bordo de una nave Soyuz.

Ha manifestado su intención de volver al espacio y entre otras cosas ha dicho: «Haber viajado una vez al espacio solo profundiza tu deseo de pasar más tiempo allí».

* * *

El hasta ahora último turista espacial tradicional es el famoso empresario Guy Laliberté, el fundador del Cirque du Soleil. Nació en Quebec (Canadá) en 1959, hijo de una familia de clase media. A los dieciséis años quedó impresionado tras asistir a una función del circo de los Hermanos Ringling y decidió producir varios espectáculos de factura humilde. Tras acabar secundaria decidió actuar en la calle, tocando la armónica y el acordeón en las calles de Quebec. A los 18 años decidió viajar a Europa, llegando a Londres sin dinero y sin una cama donde dormir. Viajó por toda Europa conviviendo con artistas callejeros, de los cuales aprendió el oficio: malabarismo, tragafuegos, magia y zancos.

Tras regresar a Quebec, se empleó en una hidroeléctrica y, solo tres días después de su incorporación, se declaró una huelga en la empresa, lo que hizo que Laliberté decidiera volver a la calle. En 1984, junto con su amigo Gilles Sainte-Croix (otro artista callejero), decide fundar su propia compañía, el Cirque du Soleil, la compañía que habría de cambiar el concepto de circo. Laliberté y su socio convencieron al gobierno de Quebec para que financiara un espectáculo callejero con motivo de los 450 años de la ciudad.

Como dato anecdótico cabe destacar que la carpa que instaló la compañía para proteger a sus 73 miembros durante el espectáculo se cayó la primera noche de representación. A pesar del escaso público que asistió, la compañía montó el mismo espectáculo en más ciudades canadienses. Afortunadamente para Laliberté y Sainte-Croix, las críticas al espectáculo fueron unánimes: excelente. Tras girar durante tres años, en 1987 el espectáculo era sinónimo de calidad.

Laliberté tuvo la inspiración de llevar su espectáculo a otros países y se jugó el todo por el todo y decidió llevar su montaje a otros países, con especial atención al Festival de las Artes de Los Ángeles. Fueron elegidos por la organización para la apertura y ese éxito permitió a la compañía poder volver a Canadá. La compañía siguió creciendo y a principios de la década de los 90 empezó a girar por Europa y Asia. En 2003 crearon el primer espectáculo circense para adultos. Un año después era el 514 en la lista de multimillonarios de *Forbes.*

En 2007 creó la Fundación One Drop para combatir la pobreza y facilitar el acceso al agua de personas con pocos recursos. Esta Fundación utiliza las artes escénicas para alentar y promocionar la educación y la participación de las comunidades en la solución al problema del agua. Menos conocida es su faceta de jugador profesional de póker; en 2007 finalizó en cuarta posición el World Poker Tour de Las Vegas y se embolsó 696 000 dólares.

El 4 de junio de 2009, Space Adventures anunció que el empresario canadiense volaría a bordo de una nave Soyuz camino de la Estación Espacial Internacional. Regresó a la Tierra el 11 de octubre de 2009. El evento fue acompañado por un programa en streaming de 120 minutos con diversas actuaciones artísticas acontecidas en 14 lugares distintos de los cinco continentes, incluida la ISS.

* * *

Un caso sumamente especial es el de Richard Branson, el magnate británico. En 2021 se convertía en el primer turista espacial que llegaba al espacio en un vuelo de su propia compañía de viajes espaciales, Virgin Galactic. El magnate nació en Londres en 1950. Hijo de una exbailarina y ex azafata y de un abogado. Su abuelo paterno, sir George Branson, fue juez del Tribunal Superior de Justicia del Reino Unido y Consejero Privado. Fue educado en la Scaitcliffe School, de Surrey, un estricto internado. Después cursaría estudios en la Stowe School hasta los dieciséis años.

En esta época de su vida tiene que lidiar con su dislexia, lo que le dificulta considerablemente su rendimiento académico. Como muestra de su carácter indómito, el último día de escuela su director le dijo que terminaría en la cárcel o sería millonario. El propio Branson reconoce que su carácter emprendedor es herencia materna. Recién terminados sus estudios, con 16 años, decide editar una revista estudiantil con sede en su propia iglesia, *Student*. Consigue entrevistar a grandes personajes de los sesenta como Mick Jagger, surgiendo en él un interés por el mundo de la música y su difusión como negocio. Para la primera edición de la revista consiguió la nada despreciable financiación publicitaria de 8000 dólares. Lanzaría 50 000 ejemplares de la misma. Poco después decide fundar Virgin, una modesta discográfica que vendía por correo. El éxito de su discográfica le hace montar una tienda de discos en la comercial Oxford Street de Londres con el objetivo de que la gente tuviera un lugar donde escuchar música actual juntos y después poder comprarla. Por aquel entonces vivía en una comuna hippie.

La buena acogida que tienen sus discos provoca que abandone ya definitivamente sus estudios y construye un estudio de grabación propio (1972), naciendo Virgin Records. La leyenda de Branson y su fortuna nace indeleblemente unida a un artista y a un disco: Mike Oldfield y su primer disco, *Tubular Bells*. Otro joven genio como él. El disco permaneció 247 semanas en las listas de ventas de Reino Unido, convirtiendo a Branson en millonario. Este éxito permitió a Branson fichar para su sello discográfico a grupos consagrados como Sex Pistols o los mismísimos Rolling Stones, convirtiendo a Virgin Records en una de las más importantes discográficas del mundo.

Empresario de gran olfato, extendió sus intereses más allá de la música. A primeros de los 80 se interesa por el negocio de los viajes y crea el grupo Voyager. El gusanillo de los viajes de ocio va tomando forma en él. En 1984 funda la compañía aérea Virgin Atlantic y, sin olvidar su pasión por la música, crea las Virgin Megastores, grandes superficies dedicadas a la venta de discos. A pesar de su gran olfato, la carrera de Branson no ha sido todo lo apacible que pudiera

El personal de Virgin Galactic y The Spaceship Company posa con el VSS Unity, el segundo SpaceShipTwo, el 19 de febrero de 2016.

parecer y en 1992, al hilo de la mala situación financiera de su discográfica, decidió venderla a la multinacional EMI por 1000 millones de dólares.

A pesar de este traspiés, su pasión por el mundo de la música le lleva al año siguiente a fundar su propia emisora de radio musical y en 1996 una nueva marca discográfica, V2, representando a artistas como Tom Jones. La expansión del holding proseguiría en los años siguientes extendiéndose a actividades como la ferroviaria, la telefonía móvil, compañías aéreas de bajo coste, fabricación de bebidas refrescantes y la que más nos interesa, la de turismo espacial, Virgin Galactic, fundada en 2004.

Mención aparte, pero esencial para entender su obsesión con el espacio, es su pasión por el deporte de aventura, donde ha conseguido notables éxitos: récord en la travesía del Atlántico, primera travesía en globo también del océano Atlántico y del océano Pacífico más tarde. Actualmente se le calcula una fortuna de unos 4000 millones de dólares.

Diecisiete años después de fundar su compañía de turismo espacial, Branson se convirtió en turista espacial gracias a un vehículo de esa misma compañía. Poco después de crear su compañía comenzó a vender billetes para sus expediciones, con precios comprendidos entre los 200 000 y los 250 000 dólares. La promesa que les hizo a sus clientes era que los viajes serían factibles a partir de 2009; tardaron doce años más. Los problemas técnicos se cobraron la vida de algún que otro piloto.

Branson perseveró y el 11 de julio de 2021, junto a sus compañeros de tripulación, partió hacia el espacio a bordo de la nave VSS Unity (de su compañía Virgin Galactic), que iba anclada a otra nave. Tras un ascenso de 15 000 metros, la nave nodriza soltó a la aeronave y esta ascendió hasta los 86 000 metros, fuera de la atmósfera. Allí los tripulantes pudieron disfrutar durante unos minutos de la ingravidez. Branson declaró que había soñado desde niño con ese momento, pero reconoció que nada ni nadie lo había preparado para tener una vista de nuestro planeta desde el espacio.

Virgin Galactic había presentado en 2016 la nave con la que el millonario finalmente viajó al espacio. Unas 700 personas han comprado su billete para viajar al espacio en las aeronaves de Virgin Galactic. El 20 de julio de 2021, nueve días más tarde que Branson, volaría al espacio otro magnate, Jeff Bezos. El fundador de Amazon lo haría en una nave New Shepard de su compañía de vuelos espaciales Blue Origin. Los planes del multimillonario norteamericano van más allá de las breves excursiones espaciales de su competidor británico.

UN AVENTURERO EN EL ESPACIO

El día 25 de febrero de 2025 fue un día muy especial para Jesús Calleja, reconocido aventurero nacido en León (España). Nacido en una familia humilde, de pequeño su padre le leía sobre las expediciones de Edmund Hillary al Everest, de Shackleton a la Antártida y de otros aventureros. Muy pronto se aficionó a la montaña, mientras su padre y su hermano pescaban. Era tal su pasión que en más de una ocasión tuvieron que organizarse batidas nocturnas para encontrarlo.

A los 13 años viajaba en tren para disfrutar de la montaña de su tierra como Peña Ubiña, donde se inició en la escalada. Más tarde llegaría el Naranjo de Bulnes, cuya cara oeste ha escalado cinco veces; a los 21 haría su primera visita al Himalaya. Durante un tiempo continuó con el negocio familiar y ejerció como peluquero; de hecho, llegó a ganar el premio nacional de peluquería masculina que tuvo lugar en Burgos. Más tarde fue copropietario del concesionario de automóviles que regentaba su hermano menor.

Durante dieciséis años compaginó estos empleos con trabajos como guía de expediciones al Nepal y los Alpes; con el país asiático mantiene una relación de amor que se alarga en el tiempo y ha viajado allí en más de sesenta ocasiones. Como buen aventurero, invertía todo lo que ganaba en organizar expediciones como el descenso en balsa por el río Zambeze, convivir con los nativos de Nueva Guinea, etc.

En 2001 decide dar un giro radical a su vida y dedicarse en exclusiva a la montaña, intentando su primer ochomil en 2003, el Cho Oyu, sin porteadores y con el añadido de hacerlo sin oxígeno y cargando él mismo con su tienda de campaña. Su compañero de aventuras era el legendario escalador Juanito Oyarzábal, quien, al contrario que Calleja, sí alcanzó la cima a 8201 metros. Un año después, y acompañado de un sherpa, Calleja lo consigue (sin oxígeno).

En 2005 cumplió con un sueño infantil: subir el Everest. De niño su padre le leía historias sobre la mítica cumbre y se convirtió en una auténtica obsesión para el aventurero. Se sometió a un durísimo entrenamiento, que incluyó la conquista de una cumbre inexplorada de los Andes, a la que bautizó como León 16 de febrero, en honor a su tierra. En paralelo buscó el patrocinio de las instituciones para su expedición al «techo del mundo», consiguiendo el apoyo del Ayuntamiento de León, de la Diputación de León y alguna empresa.

En abril se traslada a Nepal para ultimar el ascenso. El 30 de mayo de 2005 alcanzó la cima del Everest por la cara sur y con ayuda de un sherpa, aunque originalmente se había planteado la aventura en solitario y sin ayuda de oxígeno. Se convertía así en el primer español en conseguirlo ese año por esta cara. Desde la cima llamó a su padre a través del teléfono satélite y ambos lloraron de emoción, casi sin poder articular palabra. El hecho de utilizar oxígeno en la ascensión le atrajo las críticas de muchos alpinistas, que calificaron de menor la ascensión de Calleja.

Durante el descenso del Everest surgió la idea de encadenar una serie de expediciones para facilitar el patrocinio de las mismas y evitar tener que buscarlo una vez tras otra. Así surgió el proyecto Desafío Extremo con el que consiguió conquistar las Siete Cumbres (las más altas de cada continente) y con el patrocinio de los mismos organismos y empresa que en la expedición al Everest. En el mismo proyecto, y contando con la misma financiación, incluyó otros ochomiles y participar en los rallys de los Faraones y París-Dakar. Él mismo se encargó de grabar con su cámara estas aventuras a lo largo de dos años.

Con el material filmado recorrió todas las cadenas de televisión españolas hasta que, en 2007, Cuatro se interesó por él y Calleja tuvo su propio programa documental que se llamaría como el proyecto original. Desde ese momento, el cámara también leonés Emilio Valdés le acompaña en todos sus viajes. El cámara se ha convertido en uno de sus mejores amigos.

Muy poco después de su debut en la cadena, Calleja sufrió un accidente de moto preparando el Rally de los Faraones y canceló un viaje previsto al Polo Norte. De su carácter indómito habla claramente el hecho de que, sin recuperarse de sus lesiones, decide emprender el ascenso al Kilimanjaro (que ya había ascendido anteriormente). Sin recuperarse aún del accidente decide participar en el Rally de los Faraones, finalizándolo en 46.ª posición.

Entre los famosos que han acompañado a Jesús Calleja en sus aventuras se cuenta a un presidente del gobierno en activo, José Luis Rodríguez Zapatero, quien en 2008 acompañó al aventurero a los Picos de Europa. Inicialmente iban a acometer la subida al Pico Llambrión, pero el equipo de seguridad del presidente desechó la idea y cambiaron al Collado Jermoso, que acometieron en régimen de semiescalada.

Otro ejemplo palmario de los retos a los que se somete Calleja es el del viaje a Islandia para realizar la travesía de los tres volcanes más activos de la isla (para el programa Desafío Extremo) en 2009. Estando cerca de uno de ellos entró en erupción. Las cenizas de esa erupción llegaron a provocar el cierre de numerosos aeropuertos europeos. Otro ejemplo de lo extremo de estos retos fue su aventura submarina en los cenotes del Yucatán, para localizar la estalactita submarina más grande del mundo. También ha nadado en aguas infectadas de tiburones, en aguas glaciares, etc. Siempre acompañado de la submarinista María March.

En la actualidad viaja por el mundo, acompañado de personajes conocidos, para su programa Planeta Calleja, que tiene contratado hasta 2027. Pero, sin duda, un sueño que tenía desde niño y que se convirtió en una obsesión que le llevó al psicólogo, confiesa el aventurero. El viaje tuvo lugar el pasado 25 de febrero y se encuadra en el décimo lanzamiento tripulado de la compañía Blue Origin, propiedad de Jeff Bezos, fundador de Amazon y también turista espacial. La nave New Shepard despegó desde una base de lanzamientos al oeste de Texas a las 15:35, hora española.

Calleja consiguió el billete en esta «excursión» gracias a un acuerdo entre Mediaset España y Prime Video con el fin de producir una docuserie de cuatro capítulos en la que se narra la experiencia espacial del aventurero. Los otros cinco tripulantes que lo acompañaron son:

Lane Bess es fundador y director de Bess Ventures and Advisory, un fondo familiar que apoya empresas tecnológicas innovadoras. Ha liderado grandes compañías del sector de la seguridad y es también administrador de la Universidad Carnegie Mellon. Ya había volado al espacio en 2021.

Elaine Chia Hyde es una emprendedora, física y piloto. Fundadora de la agencia de noticias Chicago Star y de Eastside Enterprise, compañía dedicada a la investigación y desarrollo en Inteligencia Artificial orientados a los medios de comunicación. El espacio ha cautivado su imaginación desde pequeña. Con el objetivo de diseñar experimentos a realizar en el espacio, emigró a Estados Unidos.

Richard Scott es endocrinólogo y fue socio fundador y CEO de IVIRMA Global, el mayor grupo mundial de clínicas de fertilidad, con presencia en diez países. Profesor adjunto de las universidades de Yale y Carolina del Sur. También creó una fundación dedicada a la investigación reproductiva y ha formado parte de las juntas nacionales de las dos mayores organizaciones defensoras de los pacientes con problemas de fertilidad.

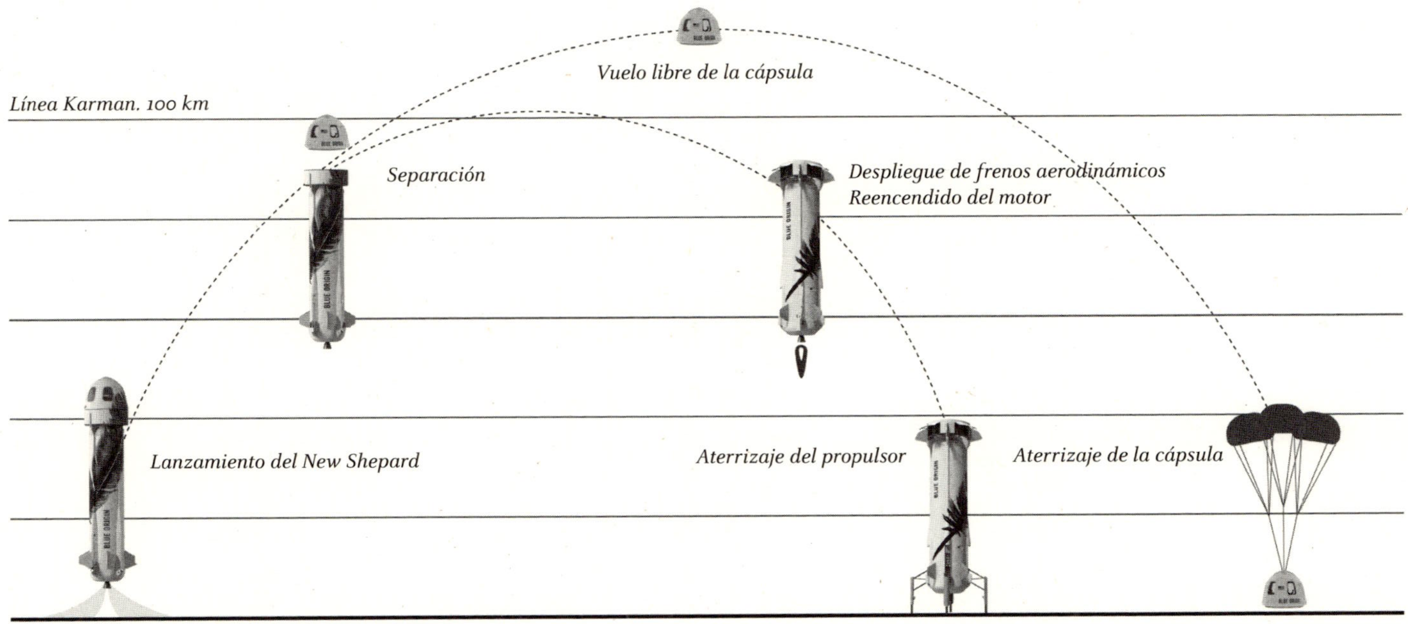

diagrama que muestra el perfil de vuelo de la nave New Shepard de Blue Origin [COMETA GEO].

Tushar Shah es socio y codirector de investigación de un fondo de cobertura en Nueva York. Estudió Física en el Instituto Tecnológico de Massachusetts y física experimental de partículas para su doctorado también en el MIT. Tanto él como su esposa son dos reconocidos filántropos.

El sexto miembro de la tripulación ha permanecido en el anonimato.

El vuelo se desarrolló con normalidad. Tras el despegue, la cápsula en la que viajaban Calleja y sus compañeros se separó a los 76 kilómetros de altura del módulo propulsor, lo que permitió que superaran el «mágico» límite de Kármán, la frontera de los 100 kilómetros que separan la atmósfera del espacio exterior, alcanzando los 106 kilómetros.

El propulsor regresó autónomamente a la Tierra y realizó un aterrizaje de precisión a 3,22 kilómetros. Mientras tanto, los tripulantes entraron en estado de ingravidez durante unos cuatro minutos, durante los cuales pudieron disfrutar de unas vistas espectaculares de la Tierra, y unos once minutos después del despegue la cápsula regresó a la atmósfera y aterrizó con ayuda de un paracaídas. Justo antes de tocar tierra, un sistema de retropropulsión expulsó una nube de aire bajo la cápsula para que fuera lo más suave posible. Tras pisar tierra, Calleja se echó a llorar desconsoladamente.

Jesús Calleja se preparó física y mentalmente para el viaje con ejercicios para soportar la fuerza exagerada del despegue, la caída en picado o los fuertes ruidos, así como técnicas para manejar de forma óptima un momento de máxima ansiedad. En este entrenamiento contó con la ayuda del astronauta y exministro Pedro Duque y el astronauta portugués Mário Ferreira, el primero de su país en ir al espacio.

LAS ESTANCIAS PROLONGADAS EN EL ESPACIO, PRUEBAS PARA FUTURAS MISIONES INTERPLANETARIAS

El martes 18 de marzo de 2025 volvían a la Tierra los astronautas Suni Williams y Butch Wilmore tras permanecer nueve meses varados en el espacio, una odisea única en la historia de la exploración espacial. Estos astronautas de la NASA viajaron al espacio para una misión de ocho días y ante los problemas técnicos de la nave que los debía devolver a la Tierra han permanecido varados en el espacio durante varios meses sin que ninguno haya perdido la ilusión por volver al espacio.

Suni Williams nació en Euclid (Estados Unidos) en 1965, hija de padre indio y madre eslovena. Su padre era un reputado neuroanatomista y desde muy pronto residieron en Massachusetts, de donde la astronauta se considera natural. Se graduó en la Needham High School en 1983. Ingresaría en la Academia Naval de los Estados Unidos donde se licenció en Física en 1987; con posterioridad cursaría un máster en Administración de Ingeniería en el Instituto Tecnológico de Florida en 1995.

Obtuvo la graduación como alférez en mayo de 1987; seis meses después conseguiría la certificación como Oficial Básica de Buceo. Aviadora naval desde julio de 1989, recibió entrenamiento como piloto de helicópteros realizando operaciones en el Mediterráneo, el mar Rojo y el golfo Pérsico.

Sunita Williams en 2004. Piloto de pruebas y oficial de la Marina de EE. UU., Williams ha participado en varias misiones a la Estación Espacial Internacional y ostentó durante años el récord femenino de tiempo acumulado en caminatas espaciales [NASA].

En septiembre de 1992 fue designada oficial a cargo de un destacamento de helicópteros enviado a Miami para operaciones de socorro con motivo del huracán Andrew. En enero de 1993 comenzó su entrenamiento como piloto de pruebas naval de los Estados Unidos. En junio de 1998 sería seleccionada por la NASA para el programa de astronautas.

Dos meses después de ser seleccionada como candidata a astronauta comenzó su entrenamiento como tal en el Centro Espacial Johnson. Fue lanzada al espacio a bordo del Discovery el 9 de diciembre de 2006. Tras el lanzamiento, Suni decidió donar su pelo a Locks of Love, una organización sin ánimo de lucro fundada entre otras por Madonna para hacer llegar el pelo de personas famosas a quienes lo están perdiendo. Hasta abril de 2007, cuando la NASA decide traerla de vuelta a la Tierra, había completado 4 caminatas espaciales.

Una anécdota curiosa tuvo lugar a primeros de marzo de 2007 cuando Williams solicitó al control de la misión comida más picante. Recibió un tubo de wasabi en una misión de reabastecimiento en una nave Progress. Cuando abrió el tubo, que estaba empaquetado a la presión atmosférica, la pasta fue expulsada a la presión más baja que imperaba en la ISS: un auténtico géiser de comida picante.

Regresó a la Tierra el 22 de junio de 2007, rompiendo el récord de viaje más largo realizado por una mujer. El 16 de abril se había convertido en la primera persona en correr un maratón en el espacio. Figuraba inscrita en el Maratón de Boston y completó en la ISS la distancia en 4 horas y 24 minutos. El resto de la tripulación la animó durante ese tiempo y se encargó de abastecerla. Por cierto, durante esta misión realizó tres caminatas espaciales junto al astronauta español Miguel López-Alegría.

El 15 de julio de 2012 volvería al espacio a bordo de una nave Soyuz que se acoplaría dos días después con la ISS. El 17 de septiembre se convertiría en la segunda mujer comandante de la ISS. Ese mismo mes se convertiría en la primera persona en hacer un triatlón en el espacio, utilizando la bicicleta estática, la cinta de correr y un dispositivo que simulaba la natación en microgravedad. Empleó en ello 1 hora, 48 minutos y 33 segundos. Regresó a Tierra el 19 de noviembre de 2012.

En julio de 2015 la NASA anunciaba que Suni sería uno de los primeros astronautas de la agencia en tomar parte en vuelos espaciales comerciales, trabajando con Boeing y SpaceX. En agosto de 2018 fue asignada al primer vuelo de la Starliner a la ISS. El vuelo tuvo lugar el 5 de junio de 2024 y convirtió a Williams en la primera mujer en volar en una nave espacial comercial orbital. La misión estaba programada para ocho días, pero los problemas con el módulo de servicio llevaron a la NASA a dejar a Williams y Wilmore a bordo de la ISS durante nueve meses.

Butch Wilmore nació en Tennessee (Estados Unidos) en 1962. Se graduó en Mount Juliet High School en su ciudad natal. Se graduó en Ciencias en la Universidad de Tennessee y obtuvo un máster en la misma especialidad en el Tennessee Tech y otro máster en Sistemas de Aviación por la Universidad de Tennessee. Desde el punto de vista religioso, Wilmore se confiesa profundamente cristiano. En una reciente conferencia de prensa manifestó que era vital para él estar conectado continuamente con su fe y con su comunidad cristiana. No es de extrañar, por tanto, que siguiera de forma remota los servicios religiosos de la Iglesia Bautista Providence, en Pasadena (Texas) y la Iglesia Bautista Grace en Mount Juliet (Tennessee) mientras estuvo en órbita.

Se graduó en la Escuela de Pilotos de Pruebas Navales de los Estados Unidos y como piloto naval atesora 8000 horas de vuelo. Ha volado en misiones de apoyo en las operaciones Escudo del Desierto y Tormenta del Desierto (un total de 21 misiones de combate en esta última), así como sobre los cielos de Irak y Bosnia durante los últimos conflictos que sacudieron ambos países. En julio de 2000 fue seleccionado como piloto por la NASA y en agosto de ese mismo año comenzó su entrenamiento como tal.

Tras dos años de preparación se le asignó a tareas técnicas en la Oficina de Astronautas tales como los sistemas de propulsión. En 2009, Wilmore pilotó el transbordador espacial Atlantis para la misión STS-129 a la Estación Espacial Internacional. Regresó al espacio en septiembre de 2014 como miembro de la tripulación de una nave Soyuz con destino a la ISS para una misión de larga duración. Durante esta misión, los tripulantes llevaron a cabo la primera fabricación de herramientas en el espacio. Para ello utilizaron la impresora 3D de la ISS, diseñada y construida por la compañía Made in Space, Inc. El archivo de diseño fue transmitido desde Tierra a la impresora, y la herramienta en cuestión era una llave de trinquete, utilizada habitualmente para apretar o aflojar tornillos y tuercas. La herramienta sería llevada a Tierra en la siguiente misión de suministro para su posterior verificación.

El 7 de octubre de 2020, la NASA anunció que Wilmore se uniría a los también astronautas Michael Fincke y Nicole Mann en la prueba de vuelo de la primera misión Starliner con destino a la Estación Espacial Internacional y que debería efectuarse en 2021. Tras varios retrasos, el 18 de abril de 2022 la NASA anunció que aún no se había decidido quién de entre los astronautas Wilmore, Fincke y Williams (se había desechado a Mann) volaría en la primera misión operativa de Starliner.

El 16 de junio de 2022, la NASA confirma que la prueba de vuelo de la nueva nave contará con una tripulación de solo dos astronautas: Butch Wilmore y Sunita Williams. Finalmente, el 5 de junio de 2024, la nave Starliner despegó con éxito con Williams como piloto. Como ya hemos comentado, la nave completó su viaje de ida, pero la NASA desaconsejó que se la utilizara para traer de vuelta a sus dos tripulantes. El regreso ha tardado más de nueve meses.

La mayoría de las misiones espaciales no tienen una duración superior a seis meses, por lo que la situación vivida por Wilmore y Williams es absolutamente excepcional. Los problemas técnicos de la nave Starliner obligaron a repensar cómo devolver a la Tierra a los dos astronautas. La NASA optó por el siguiente vuelo tripulado a la Estación Espacial Internacional: una cápsula de SpaceX que llegó a la estación orbital a finales de septiembre.

El único inconveniente era que esta misión tenía una duración prevista de seis meses, lo que suponía de facto una prolongación importante de la estancia de ambos astronautas. Tanto Williams como Wilmore asumieron con entusiasmo esta prolongación. Ampliaron los experimentos científicos que tenían previstos y las caminatas espaciales fueron también objeto del tiempo de trabajo de los astronautas durante su confinamiento. En Navidad, el equipo se disfrazó con gorros de Papá Noel y astas de reno, enviando un mensaje para unas fechas que tenían previsto pasar en familia.

A pesar de la prolongada estancia espacial, siempre hubo una nave acoplada a la ISS para llevarlos a ellos y al resto de tripulantes a casa en caso de emergencia. Tras su vuelta a la Tierra, los astronautas están siendo sometidos a un estricto programa que les va a permitir readaptarse a las condiciones de vida en nuestro planeta. Las misiones espaciales de larga duración tienen un impacto negativo en el cuerpo; los astronautas pierden densidad ósea y sufren pérdida de la masa muscular. La circulación sanguínea también se ve afectada.

También se trabaja el equilibrio y la coordinación, ya que la ausencia prolongada de gravedad puede provocar daños en el sistema vestibular y los astronautas pueden sentir vértigo y problemas de coordinación motora. La astrónoma «análoga» española Mariló Torres ha manifestado que se requieren alrededor de seis meses para una recuperación total del daño producido. Una astronauta que investiga simulaciones de misiones espaciales en entornos terrestres que replican condiciones extraterrestres.

Se trata de hábitats aislados, desiertos, cuevas o estaciones submarinas que permiten estudiar el impacto físico y psicológico de estas estancias prolongadas, microgravedad simulada y realización de experimentos científicos en condiciones extremas. Se buscan cualidades y perfiles innatos, que vengan ya de serie en los candidatos y que se verán incrementados con entrenamientos específicos. En el caso de Wilmore y Williams se trata de dos astronautas veteranos y entrenados en la disciplina, la adaptación al medio, la fortaleza mental y el autocontrol.

Los dos astronautas han tratado de mantenerse activos preparando una vuelta a la Tierra que se ha ido postergando durante meses. Entre otras tareas, han ayudado al mantenimiento de la Estación Espacial, han realizado varias caminatas espaciales, han monitorizado el cuerpo humano en estado de ingravidez o cultivado plantas en el espacio. No es la primera vez que ocurre algo así; en 2022 otro astronauta de la NASA, Frank Rubio, vivió una situación parecida cuando un fallo en su nave le obligó a permanecer 371 días en la ISS, récord absoluto de permanencia en el espacio para un astronauta de la NASA, pero el récord absoluto de permanencia continuada en el espacio lo tiene el ruso Valeri Polyakov, quien pasó 437 días seguidos en la extinta estación orbital rusa Mir.

Polyakov nació en Tula (Rusia) el 27 de abril de 1942, con el apellido Korshunov. Tomó el apellido Polyakov tras ser adoptado. Tras finalizar sus estudios de Medicina ingresó en el Instituto de Parasitología Médica y Medicina Tropical de Moscú. Cursó estudios de posgrado en el célebre Instituto de Problemas Médico-Biológicos de Moscú (IMBP). El Instituto era por aquel entonces la institución líder en medicina espacial y, como tal, la responsable de la supervisión del entrenamiento de los cosmonautas y su posterior recuperación.

A comienzos de los años 70, la Unión Soviética pone en marcha los programas de las estaciones orbitales Salyut y Almaz, lo que supone el comienzo de los vuelos orbitales de larga duración. Los efectos que la microgravedad prolongada tiene sobre el organismo humano eran todo un misterio en aquella época y el IMBP cobró una inusitada relevancia en el programa espacial soviético. En 1972 fue elegido candidato a cosmonauta representando al prestigioso instituto y tuvo que competir con Gueorgui Machinski y Lev Smirenni para convertirse en el primer médico en una estación orbital. El célebre Ministerio del Espacio Soviético ya había decidido que un médico debía formar parte indispensable de una misión espacial de larga duración.

La medicina espacial se había convertido ya en algo cada vez más relevante y se consideraba imprescindible que un médico comprobara *in situ* los efectos de la ingravidez en la fisiología humana. La idea encontró la oposición del Centro de Entrenamiento de Cosmonautas Yuri Gagarin, donde eran seleccionados candidatos con formación militar, y desde el NPO Energía, de donde provenían los candidatos a cosmonauta civiles. A finales de los años 70, la llegada de las naves Soyuz permitió disponer de tres plazas para los cosmonautas y se rebajó la tensión por conseguir un billete.

De forma discreta, Polyakov se convirtió en el candidato idóneo del IMBP. En 1976 se convirtió en investigador del centro y en 1979 se entrenó en el Centro de Entrenamiento Yuri Gagarin para convertirse en cosmonauta. El 1 de mayo de 1980 se convirtió en «cosmonauta-investigador». Ya antes de su nombramiento, en diciembre de 1979, ya había sido asignado «provisionalmente» a la tripulación del Soyuz T-3 junto a Lazarev y Strekalov. Para su desgracia, problemas con la estación orbital Salyut provocaron la cancelación de la misión médica de Polyakov y el envío de astronautas más entrenados.

A pesar del enorme prestigio del IMBP, éste no era la única institución médica con predicamento en la Unión Soviética. El Centro de Investigación Cardiológica de la URSS también tenía su candidato a ser el primer médico en una estación espacial, Oleg Atkov. Aún sin pertenecer al IMBP, Atkov pasó las pruebas médicas del instituto y en 1977 también fue elegido candidato a cosmonauta. En junio de 1983 se preparó junto a Polyakov para una misión de larga duración en la

Salyut 7; la ide era que un médico supervisase, en el espacio, la salud del cosmonauta Konstantin Feoktistov, considerado «viejo» con 57 años, pero empeñado en volver al espacio.

El sueño de Feoktistov no se cumplió y la misión quedó cancelada. Sin embargo, la idea de enviar un médico a una estación espacial siguió adelante y en septiembre de 1983 fue designado tripulante de una nueva misión de la Soyuz, siendo suplente Polyakov. El enfado de Polyakov fue el lógico cuando comprobó que un colega seleccionado siete años después que él era el elegido. Los problemas técnicos surgidos en los últimos años de la Salyut provocaron que Polyakov tuviera que esperar a la puesta en órbita de la Estación MIR para volver a tener una oportunidad.

Finalmente, el 29 de agosto de 1988, a bordo de una nave Soyuz, se convertía en el cosmonauta número 66 de la Unión Soviética. Durante su primera misión espacial, Polyakov permaneció en el espacio 240 días, 22 horas y 34 minutos, en dos misiones distintas en la Mir. Durante esta estancia se dedicó de forma rigurosa a investigar la salud de sus compañeros de viaje y la suya propia. A finales de la década de los 80, la URSS planificaba un viaje tripulado a Marte por lo que la presión para misiones cada vez más prolongadas no hizo más que crecer.

El desmoronamiento de la Unión Soviética en 1991 congeló temporalmente las propuestas de investigaciones médicas a bordo de la estación espacial, pero el IMBP presionó para llevar a cabo una misión que superase el récord de Manárov y Titov, que en 1988 habían permanecido un año en la Mir. La propia dinámica de rotaciones de las tripulaciones en la estación orbital hacía muy complicada una misión de este tipo. Sin embargo, el IMBP ofreció la posibilidad de que fuese un único cosmonauta el que la llevase a cabo.

Finalmente, se aprobó la misión. Los propios cosmonautas del IMBP eran conscientes de que en la tesitura que vivía el programa espacial ruso que ésta podría ser su última oportunidad para viajar al espacio. Polyakov, experimentado cosmonauta, se convertía en el principal favorito. Además, se había convertido en 1989 vicedirector de temas científicos del IMBP, por lo que nadie se sorprendió cuando fue, finalmente, designado miembro de la tripulación de la Soyuz TM-18.

Estaba previsto un suplente para Polyakov, Guermán Arzamazov, pero meses antes del lanzamiento fue apartado por hablar mal del cosmonauta titular y pedir que fuese apartado de la misión por considerarlo muy mayor para volver al espacio. El resultado fue que Polyakov no tuvo suplente para esta misión. La nave Soyuz despegó el 08 de enero de 1994. La estancia en la Mir debería haber durado 16 meses, pero el retraso en el lanzamiento de la lanzadera Soyuz la recortó a solo 14.

Polyakov regresó a la Tierra el 22 de marzo de 1995 tras pasar en el espacio 437 días, 17 horas y 58 minutos. A día de hoy, sigue siendo la misión espacial de mayor duración jamás realizada por un ser humano. Polyakov llegó a manifestar, en tono de broma, «yo ya he hecho el viaje de ida y vuelta a Marte». Falleció el 19 de septiembre de 2022.

Bibliografía y referencias

Ajay P. Kothari y Derek Webber: *Potential Demand for Orbital Space Tourism Opportunities Made Available via Reusable Rocket and Hypersonic Architectures*, pg. 5-6.

Aldrin, Buzz et McConnell, Malcolm: *Men from Earth*, Nueva York. Bantam, ISBN 0-553-05374-4.

Aldrin, Buzz et Warga, Wayne (1973): *Retorno a la Tierra*, Random House.

Asante, Molefi Kete (2002): *100 grandes afroamericanos: una enciclopedia biográfica*. Prometheus Books (Nueva York). ISBN 978-1-57392-963-9.

Associated Press (2024): «Tres astronautas chinos regresan a la Tierra tras 6 meses en el espacio». 4 de noviembre de 2024.

Basterra, Francisco G. (1986): «Estados Unidos llora el desastre del Challenger», *El País* (España). 30 de enero de 1986.

Bean, Alan (1989): *Mi vida como astronauta*. ISBN 978-0671674250.

Bean, Alan (2009): *Pintando Apolo: primer artista en otro mundo*. ISBN 978-1588342645.

Benavides, Luis (2018): «La astronauta más veterana se retira». *El Periódico* (España). 15 de junio de 2018.

«Biographical Data: Eileen Marie Collins (Colonel, Ret.) NASA Astronaut (Former), USAF». *NASA*. 2006.

«Biografía de Jesús Calleja» (2011), *La Vanguardia*, 18 de abril de 2011.

Biografía de Pedro Duque en la página web de la ESA. *ESA - Pedro Duque*.

Burgess, Colin et Hall, Rex: *El primer cosmonauta soviético*, Chichester (Reino Unido), Praxis Publishing. ISBN 978-0-387-84824-2, 2009.

Capellino, Patricio (2024): «China en la gran carrera espacial». *Boletín de la Universidad para la Defensa Nacional* (Argentina).

Castillo García, Naix'ieli (2013): «Mamoru Mohri: el primer astronauta en videograbar el espacio». *Ciencia UNAM*. Universidad Nacional de México. 19 de noviembre de 2013.

Castro Valencia, Valeria (2023): «El misterio por el extraño sonido que un astronauta chino reportó en el espacio». *El Tiempo* (Colombia). 6 de marzo de 2023.

Catchpole, John (2001): *Proyecto Mercury: el programa de los primeros vuelos tripulados de la NASA*, Londres, Springer. ISBN 978-1-85233-406-2.

Cavallaro, Umberto (2017): *Viajeras espaciales: sesenta caminos diferentes hacia el espacio*. Springer (Estados Unidos) ISBN 978-3-319-34048-7.

Chaikin, Andrew (2007): *Un hombre en la Luna: los viajes de los astronautas del programa Apolo*, Penguin Books (Londres), ISBN 978-0-14-311235-8.
China.org.cn (2023): «Perfil: primer astronauta chino en cruzar el espacio cuatro veces». 29 de marzo de 2023.
Claramunt Vallespí, Rosa; Claramunt Vallespí, Teresa (2012): *Mujeres en ciencia y tecnología*. Universidad Nacional de Educación a Distancia. UNED. ISBN 9788436264210.
Clemente, Rafael (2011): «El japonés que solo quería fumar y otros curiosos turistas espaciales». *El País* (España). 20 de agosto de 2011.
Las Américas (2024): «A 44 años del primer hispanoamericano en el espacio: el cubano Arnaldo Tamayo». Miami (Estados Unidos).
Díaz-Canel, Miguel (2020): «40 años de una hazaña: Arnaldo Tamayo, primer cosmonauta de Cuba y Latinoamérica en viajar al espacio». *Cuba a Debate*. Cuba.
Doran, Jamie et Bizony, Piers (2011): *El Hombre de las Estrellas, la verdad detrás de la leyenda de Yuri Gagarin*. Bloombury, Londres. ISBN 978-1-4088-1554-0.
Duque, Pedro (2023): *Viajes espaciales*. Shackleton Books, Barcelona (España). ISBN 9788413612980.
«Ellen Ochoa, la astronauta que musicalizó el infinito y diversificó la NASA desde la óptica del beneficio aeroespacial». *Mujeres con Ciencia*.
Erik Cohen (2005), *Major trends in contemporary tourism*, pg. 21 P.
Feldman, Heather (2003): *Valentina Tereshkova: la primera mujer en el espacio*. Rosen Publishing Group, ISBN 0-8239-6246-6.
Fernández, Tomás et Tamaro, Elena (2004): «Biografía de Valentina Tereshkova», *Biografías y Vidas* (Internet). Barcelona (España).
Ferrer Valero, Sandra (2018): «Volando a las estrellas, Sally Ride (1951-2012)», *Mujeres con ciencia*.
French, Francis (2010): *Yuri Gagarin, la primera persona en el espacio*, The Great Explorers, Londres. ISBN 978-0-500-25-169-0.
Geoffrey I. Crouch (2001), «The Market for Space Tourism: Early Indications», *Journal of Travel Research*.
Geoffrey I. Crouch (2001), *Researching The Space Tourism Market*, pg. 2-5.
Gray, Tara: «Animales en el espacio», *NASA* (1998).
Gray, Tara: «Breve historia de los animales en el espacio», *NASA* (2006).
Green, Nick (2016): «Biografía de Guion 'Guy' Bluford: astronauta de la NASA», *Space.about.com*.
Hadfield, Chris (2013): *Una guía de astronautas para la vida en la Tierra: Lo que ir al espacio me enseñó sobre el ingenio, la determinación y estar preparado para cualquier cosa*. Little, Brown and Company (Nueva York). ISBN 978-0-316-25301-7.
Hadfield, Chris (2014): *Estoy aquí: La vuelta al mundo en 92 minutos: Fotografías de la Estación Espacial Internacional*. Little, Brown and Company (Nueva York). ISBN 978-0-316-37964-9.
Hadfield, Chris (2016): *La oscuridad más oscura*. Little, Brown and Company (Nueva York). ISBN 978-0-316-39472-7.
Kelly, Scott (2018): *Resistencia, un año en el espacio*. Editorial Debate (España).

Koichiwakata.com.
Kupperberg, Paul (2003): *John Glenn, el primer estadounidense en órbita y su regreso al espacio*, Rosen Pub Group, ISBN 978-0-8239-4460-6.
«La odisea de los astronautas varados nueve meses en la EEI continúa para readaptarse a la vida en la Tierra», *RTVE*, 19 de marzo de 2025.
«...los astronautas que vivieron nueve meses en el espacio llegan finalmente a la Tierra» (2025), *BBC News*, 18 de marzo de 2025.
Lovell, Jim et Kluger, Jeffrey (1994): *Lost Moon*, Editorial Houghton Mifflin (Estados Unidos). ISBN 978-34-45323-23-1.
Mailer, Norman (2010): *Fuego en la Luna*, Editorial Plaza y Janés, ISBN 978-84-01-33012-4.
Malashenkov, Dimitri: «Algunas páginas desconocidas sobre organismos vivos en el primer vuelo orbital». Extracto de la conferencia impartida en el *Congreso Mundial del Espacio* celebrado en Houston (Texas), 2002.
Mallan, Lloyd: *Hombres, cohetes y ratas espaciales*, Nueva York, 1955.
Manish Srivastava y Shirish Srivastava (2010), *Space Tourism: The Future Tourism*, pg. 2-4 S.
María, Francisco (2023): «Alan Shepard, el primer hombre en jugar al golf en el espacio». *OK Diario*. 25 de septiembre de 2023.
Marín, Daniel (2006): «Lanzamiento de la Soyuz TMA-9». *Danielmarin.naukas.com*. 20 de septiembre de 2006.
Marín, Daniel (2022): «Lanzamiento misión AX-1». *Danielmarin.naukas.com.* 8 de abril de 2022.
Marín, Daniel (2022): «Valeri Polyakov, el médico que vivió 14 meses en el espacio». *Blog Eureka*.
Martín, Azucena (2017): «La increíble historia del primer periodista que viajó al espacio». *El Español* (España). 17 de abril de 2017.
McKie, Robin (2013): «Valentina Tereshkova, 76 años, la primera mujer en el espacio, busca un billete solo de ida a Marte», publicado en *The Guardian* (Reino Unido) el 17 de septiembre de 2013.
Moncada Lorén, Manuel (2018): «Pedro Duque, un astronauta al frente del Ministerio de Ciencia». *National Geographic España*.
Moreno, V.; Ramírez, María E.; De la Oliva, Cristian; Moreno, E. et alter (2011): «Biografía de Pedro Duque». *www.buscabiografías.com.*
«Mujeres rusas en el espacio». *Rusopedia*.
Mujeres Notables.com (2018): «Biografía de Liu Yang». 20 de agosto de 2018.
NASA (2017): «Biografía de Mukai Chiaki». 5 de marzo de 2017.
Pedreira, Javier (2011): «Challenger: 25 años de una tragedia espacial sin escapatoria». *RTVE*. 28 de enero de 2011.
Pedreira, Javier (2013): «50 aniversario de la salida de la primera mujer al espacio». *RTVE*. Junio 2013.
Q. Collins y D. M. Ashford (1988), *Potential Economic Implications Of The Development Of Space Tourism*, pg. 3.
Rodríguez, Rubén (2019): «El misterio de Scott Kelly: el gemelo al que le cambió el genoma en el espacio». *El Confidencial* (España). 25 de julio de 2019.
Romasanta, A. M. (2018): «Los López-Alegría tienen sus calles», *La Crónica de Badajoz* (España), 19 de mayo.

Salas, Javier (2017): «¿Bastan 100 tampones para seis días en el espacio?» *El País* (España). ISSN 1134-6582.

San Martín, Javier et Lekuona, Izaskún (2016): «Peggy Whitson: 'No hay nada que no se pueda arreglar con alambre y unos alicates, ni siquiera en la Estación Espacial'». *Mujeres con ciencia.* 19 de octubre de 2016.

Sanz, Javier (2012): «El primer astronauta, un chino del siglo XVI». *Historiasdelahistoria.com.* 22 de enero de 2012.

Sanz Romero, Marta (2025): «Así ha sido el viaje espacial de Jesús Calleja en el cohete de Blue Origin: de la ingravidez a la línea de Kármán». *El Español,* 25 de febrero de 2025.

Shepard, Alan et Slayton, Deke: *Moon Shot: la intrahistoria de los alunizajes de las misiones Apolo,* Open Road Integrated Media, Inc. ISBN 978-1-4532-2108-2. Nueva York (USA).

Smith, Andrew (2009): *Lunáticos (Moondust): qué fue de los hombres que pisaron la Luna,* Editorial Berenice, ISBN 978-84-96756-19-9.

Suárez Indart, Benito: «¿Por qué fue Laika la perra elegida para ir al espacio?». *El Heraldo de Aragón,* 3 de noviembre de 2017.

Suzette Beard y Janice Starzyk (2002), *Space Tourism Market Study,* pg 12-24.

T. F. Rogers (2000), *Space Tourism - Its Importance, Its History, And A Recent Extraordinary Development.*

Tilton, Rafael (2000): *John Glenn,* Lucent Books, ISBN 978-1-56006-689-7.

University News (2018): «La primera mujer japonesa en viajar al espacio». Tohoku University (Japón). 20 de marzo de 2018.

Uve, Sandra (2018): *Supermujeres, superinventoras: Ideas brillantes que transformaron nuestra vida.* Madrid: Planeta S.A. ISBN 978-84-16890-97-2.

Vacas, Constanza (2025): «Una aventura de 10 minutos: así ha sido el viaje de Jesús Calleja». *National Geographic España,* 25 de febrero de 2025.

Vaughan, Diane (1997): *La decisión del lanzamiento del Challenger,* Universidad de Chicago (Estados Unidos). ISBN 978-0226851761.

Villarreal, Antonio et Cid, Guillermo (2018): «López-Alegría o Pedro Duque: ¿Quién fue realmente el primer español en el espacio?» *El Confidencial* (España). 6 de junio de 2018.

Wolfe, Tom (1984): *Elegidos para la gloria (lo que hay que tener),* Editorial Anagrama, ISBN 978-84-339-3046-0.

Wolfe, Tom (2005): *Lo correcto (The Right Stuff),* Bantam Pub. 978-05-533-8135-1.

Zak, Anatoly: «La verdadera historia de la perra Laika». Publicado en *Space.com* el 3 de noviembre de 1999.

Zamorano, Enrique (2020): «Vida y legado de Robert Henry Lawrence, Jr.: el primer astronauta afroamericano». *El Confidencial* (España).

Zuckerman, Catherine (2019): «El estudio de los gemelos astronautas Kelly: ¿cómo afectan los viajes espaciales a la salud?». *National Geographic.* 12 de abril de 2019.

Este libro se terminó de imprimir el 20 de julio de 2025, en los talleres de Liberdúplex, cincuenta y seis años después de que Neil Armstrong comunicara desde la superficie lunar: «*The Eagle has landed*». A las 20:17:39 (hora internacional UTC) del 20 de julio de 1969, desde el módulo lunar de la misión espacial estadounidense Apolo 11, Armstrong confirmaba a la base que habían llegado. Esas fueron realmente sus primeras palabras al tocar la Luna tras cuatro días, seis horas y cuarenta y seis minutos de viaje. En una maniobra manual, Armstrong había conseguido posar suavemente el Eagle en la superficie de nuestro satélite. Cinco horas y media más tarde, él y Buzz Aldrin serían los primeros hombres en poner el pie sobre la superficie lunar. Arriba, en el módulo de mando Columbia, les esperaba Michael Collins. Medio siglo después, las historias de estos hombres y mujeres que tocaron las estrellas siguen esperando a ser contadas en toda su dimensión humana.